残积土地基沉降变形计算方法的研究

王铁宏　戴　继　水伟厚　著

中国建筑工业出版社

图书在版编目（CIP）数据

残积土地基沉降变形计算方法的研究/王铁宏，戴继，水伟厚著.—北京：中国建筑工业出版社，2011.6
ISBN 978-7-112-13227-0

Ⅰ.①残… Ⅱ.①王…②戴…③水… Ⅲ.①残积土-地基-沉降（土建）-计算②残积土-地基变形-计算 Ⅳ.①TU433

中国版本图书馆CIP数据核字（2011）第087098号

残积土地基沉降变形
计算方法的研究

王铁宏 戴 继 水伟厚 著

*

中国建筑工业出版社出版、发行（北京西郊百万庄）
各地新华书店、建筑书店经销
华鲁印联（北京）科贸有限公司制版
北京建筑工业印刷厂印刷

*

开本：850×1168毫米 1/32 印张：6⅜ 字数：174千字
2011年7月第一版 2011年7月第一次印刷
定价：18.00元
ISBN 978-7-112-13227-0
（20614）

本书专题研究花岗岩残积土变形模量与地基沉降实用计算方法，着重于花岗岩残积土变形模量新的取值方法、沉降计算，基坑水平侧向变形计算和沉降与时间关系特性，回填残积土的地基处理等方面的研究。

本书共分8章，内容包括：花岗岩残积土的基本特性与研究，花岗岩残积土的结构特征研究，花岗岩残积土变形模量的取值与实用沉降计算方法研究，花岗岩残积土上建筑物的沉降固结时效问题，花岗岩残积土基坑支护结构的侧向变形分析，花岗岩残积土地基的桩基工程分析，大面积回填花岗岩残积土强夯法地基处理，结语。

本书可供在花岗岩残积土地区从事工程设计与施工的技术人员和科研人员使用，亦可供监理、检测人员及教学人员参考。

* * *

责任编辑：咸大庆　王　梅　杨　允
责任设计：赵明霞
责任校对：肖　剑　关　健

前　言

花岗岩残积土在我国东南沿海地区分布广泛，被相关规范认定为一种特殊土，具有较强的结构性。当前，随着我国基本建设的快速发展，地基基础工程计算方面的问题愈来愈突出，《建筑地基基础设计规范》GB 50007—2002 已将变形控制作为地基基础设计与计算的重要标准。因此花岗岩残积土的变形参数选取与工程计算将直接影响到地基的稳定性和上部建筑物的安全。所以，对花岗岩残积土的变形参数及其工程应用的研究具有非常重要的意义。

本书的核心内容是关于花岗岩残积土地基变形计算参数——变形模量的分析与应用的研究，其成果不仅应用于花岗岩残积土地基的沉降计算，而且应用于花岗岩残积土地区基坑支护结构水平侧向变形计算、桩土共同作用的分析及花岗岩残积土固结沉降与时间关系等。

众所周知，建筑地基基础设计计算的核心就是沉降变形控制理论。本书着力解决的恰恰是目前花岗岩残积土沉降变形普遍不准且偏于保守造成浪费的问题，努力找出一种更为实用便捷的计算方法。

首先，作者通过大量室内压缩试验，分析了花岗岩残积土的结构特征，表明取样、搬运、制备等扰动破坏了花岗岩残积土的天然结构性。因此由室内土工试验得到的压缩参数等指标已严重失真，不能作为花岗岩残积土地基变形的计算参数。

然后，针对现有部分地区花岗岩残积土变形模量取值方法的不足，作者将花岗岩残积土载荷试验和标准贯入试验的结果进行统计分析，提出了广东地区按照残积土的三种不同土质分别计算其变形模量 E_0 的公式和分析方法，并考虑了土体固结的影响，与实测沉降结果进行对比分析，给出了新的修正系数。

将本书提出的花岗岩残积土变形模量作为计算参数，运用到地基沉降计算和基坑支护结构的水平侧向变形的计算中，并将计算结果与现行花岗岩残积土变形模量的取值方法进行了比较。对于花岗岩残积土桩基工程，考虑了其变形模量的影响及桩土共同作用，提出了二次优化选取桩数的设计方法。

其次，作者研究了花岗岩残积土地基沉降固结与时间的关系特性，得到了残积土地区建筑物固结沉降与时间的关系，给出了花岗岩残积土地区建筑物“沉降—时间”的归一化公式，由此可以预测地基沉降与时间的关系。

针对量大面广的回填花岗岩残积土的地基处理，作者通过对回填残积土的几种地基处理方法的对比和四项国家重大工程项目地基处理工程实录介绍，指出强夯法具有经济高效、节能环保等优点，成为大面积回填花岗岩残积土地基处理的首选方案，在沿海的石油石化、港口、机场等基础设施建设项目中得到了广泛应用。因此本书用了较大的篇幅讨论了工程实践中所遇到的设计、施工、检测、监测及环境影响问题，很多结论已经被国家在编的地基处理规范所引用。

面对宏大的基本建设规模，建筑沉降变形计算稍有失误，一方面会造成投资的浪费，另一方面会存在安全隐患。本书着重突出实用性，力求科学性、先进性和实用性的统一，实事求是地用工程数据说话，力戒空泛的纯理论推导，对花岗岩残积土地区工程的变形计算和地基处理方案决策有重要的指导意义和实用价值。

同济大学高广运教授、深圳市勘察研究院刘小敏教授、广州大学张季超教授、现代建筑设计集团裴捷教授为本项研究和本书的编著作了极大的贡献，作者谨向他们表达真挚的谢意。另外，中国船舶重工集团青岛北海船舶重工有限责任公司陶文任研究员、中化岩土工程有限公司王亚凌高工给本书提供了资料并给予指导，现代建筑设计集团上海申元岩土公司何立军、梁永辉、刘坤、徐先坤等给予了宝贵的支持，在此一并表示感谢！

2011年3月

目 录

第 1 章 花岗岩残积土的基本特性与研究 …………………… 1

1.1 花岗岩残积土基本特性 ……………………………… 1
1.2 本书的主要研究内容 ………………………………… 16
1.3 研究意义及创新点 …………………………………… 17

第 2 章 花岗岩残积土的结构特征研究 ……………………… 21

2.1 概述 …………………………………………………… 21
2.2 土体结构性定量化参数 ……………………………… 23
2.3 砾质黏性土在压缩试验下的结构变化特征 ………… 25
2.4 砂质黏性土在压缩试验下的结构变化特征 ………… 38
2.5 花岗岩黏性土在压缩试验下的结构变化特征研究 …… 49
2.6 结果分析 ……………………………………………… 59

第 3 章 花岗岩残积土变形模量的取值与
实用沉降计算方法研究 ……………………… 61

3.1 概述 …………………………………………………… 61
3.2 花岗岩残积土变形模量取值分析 …………………… 68
3.3 实用花岗岩残积土变形模量的取值分析 …………… 72
3.4 沉降计算 ……………………………………………… 88
3.5 结果分析 ……………………………………………… 99

第 4 章 花岗岩残积土上建筑物的沉降固结时效问题 …… 101

4.1 概述 …………………………………………………… 101
4.2 高层建筑沉降观测的基本特点 ……………………… 101
4.3 沉降观测点的布设 …………………………………… 102

4.4　花岗岩残积土固结沉降特性分析 …… 103
4.5　结果分析 …… 107

第5章　花岗岩残积土基坑支护结构的侧向变形分析 …… 109

5.1　概述 …… 109
5.2　现行花岗岩残积土基坑支护结构侧向变形计算的不足 …… 109
5.3　土的变形模量对支护结构侧向变形的影响 …… 110
5.4　以变形模量作为计算参数的桩顶水平位移计算方法 …… 113
5.5　工程实例分析 …… 115
5.6　结果分析 …… 118

第6章　花岗岩残积土地基的桩基工程分析 …… 119

6.1　概述 …… 119
6.2　花岗岩残积土变形模量对桩基承载力的影响 …… 119
6.3　花岗岩残积土中桩与土的共同作用 …… 127
6.4　结果分析 …… 141

第7章　大面积回填花岗岩残积土强夯法地基处理 …… 143

7.1　概述 …… 143
7.2　回填花岗岩残积土工程特性 …… 144
7.3　回填花岗岩残积土的地基处理方法 …… 145
7.4　按变形控制进行强夯法地基处理设计 …… 153
7.5　陆域和海域回填残积土地基强夯法工程实例 …… 158
7.6　结论 …… 172

第8章　结语 …… 176

参考文献 …… 182

第 1 章　花岗岩残积土的基本特性与研究

当前，我国正处于基础设施建设的快速发展期，面临的许多工程问题亟待解决。其中，由于地质条件的复杂性、多样性和不确定性，场地土工程力学特性研究成为工程建设重点研究的内容之一。

在我国东南沿海地区，广泛分布花岗岩残积土，被《岩土工程勘察规范》GB 50021—2001 及《工程地质手册》认定为一种特殊土，具有较强的结构性。因此花岗岩残积土变形参数的选取与工程计算都有别于一般黏性土或砂土，对它们的认识和研究影响到地基的稳定和上部建筑物的安全。东南沿海地区是我国经济发展较快地区，2010 年广东省 GDP 为 45472.83 亿元，排名全国第一，福建省 GDP 为 13800 亿元，排名第 12。据初步测算，地处花岗岩残积土地区的省市，尽管国土面积不高，但经济总量很高，约占全国的 15.5%，其中广州市达到 10604.48 亿元，深圳市达到 9510.91 亿元，青岛市达到 5666.19 亿元，大连市达到 5150.00 亿元，福州市达到 3068.21 亿元，厦门市达到 2053.74 亿元，海南省达到 2052.12 亿元。因此，对花岗岩残积土变形参数及其工程应用的研究具有重要的实用意义。

1.1　花岗岩残积土基本特性

1. 花岗岩残积土的分布

花岗岩残积土是新鲜花岗岩层在物理风化作用与化学风化作用下形成的物质，又称为风化残积物。如果原岩受风化程度较轻，保存的原岩性质较多，即为风化岩；如果原岩受到风化的程度极重，极少保持原岩的性质，就形成残积土。风化岩基本上可以作为岩体看待，而残积土则完全成为土状物。

在云贵高原以东，包括秦岭—大别山在内的我国东南部地区，花岗岩残积土分布广泛，尤其在广东、福建以及桂东南与湘南、赣南一带，更为集中。其母岩——花岗岩出露面积，在闽、粤两省都占其总面积的 30%～40%，桂、湘、赣三省也分别占到其总面积的 10%～20%。在我国东南部，自西北向东南，依次出露加里东、海西、印支、燕山各期花岗岩，地质年代愈新的花岗岩，愈向东南迁移，其中以燕山期花岗岩出露最广。由于花岗岩节理发育，沿节理进行的风化作用，可以向岩体内部深入，形成很厚的红色风化壳，这是我国东南部花岗岩地貌的一大特点。花岗岩红色风化壳的上部土层就是花岗岩残积土，花岗岩残积土层厚度在闽粤沿海地区一般为 20～35m，在厦门地区最厚可达 70m。

我国东部（太行山—武夷山以东）分布的花岗岩残积土以燕山期为主，在北方零星分布于东北南部及北部、冀北、山东半岛、伏牛山、大别山的丘陵山地，而在南方分布很广，尤其是东南沿海地区。以广东、福建两省分布最为广泛，其中深圳、厦门 60%以上地区覆盖花岗岩残积土，广州、海口的花岗岩残积土覆盖率相对较少，只有 30%左右。广西、海南、江西、湖南、新疆等地也有分布。图 1-1 为我国花岗岩残积土的分布简图。

2. 花岗岩残积土的成因与成分

花岗岩残积土是花岗岩经物理风化与化学风化后残留在原地的碎屑物。花岗岩的主要成分是石英（20%～30%）、长石（60%～70%）、云母及角闪石（5%～10%），呈全晶质等粒结构，质地坚硬，性质均一，岩块抗压强度高（120～200MPa），但因长石和云母具有节理，使花岗岩多具有三组原生节理，而且由于石英和长石的膨胀系数相差近一倍，在热胀冷缩的过程中，花岗岩表面容易产生裂隙，因此花岗岩易风化，尤其是粗粒花岗岩更易风化。南方气候温暖，气温高，雨量足，相对湿度大，因此化学风化作用强烈，残积物以黏土矿物为主，厚度较大。

花岗岩化学风化，首先是原生铝硅酸盐矿物的水解、水化和淋失作用，即碱（K^+，Na^+）、碱土（Ca^{2+}，Mg^{2+}）金属组分

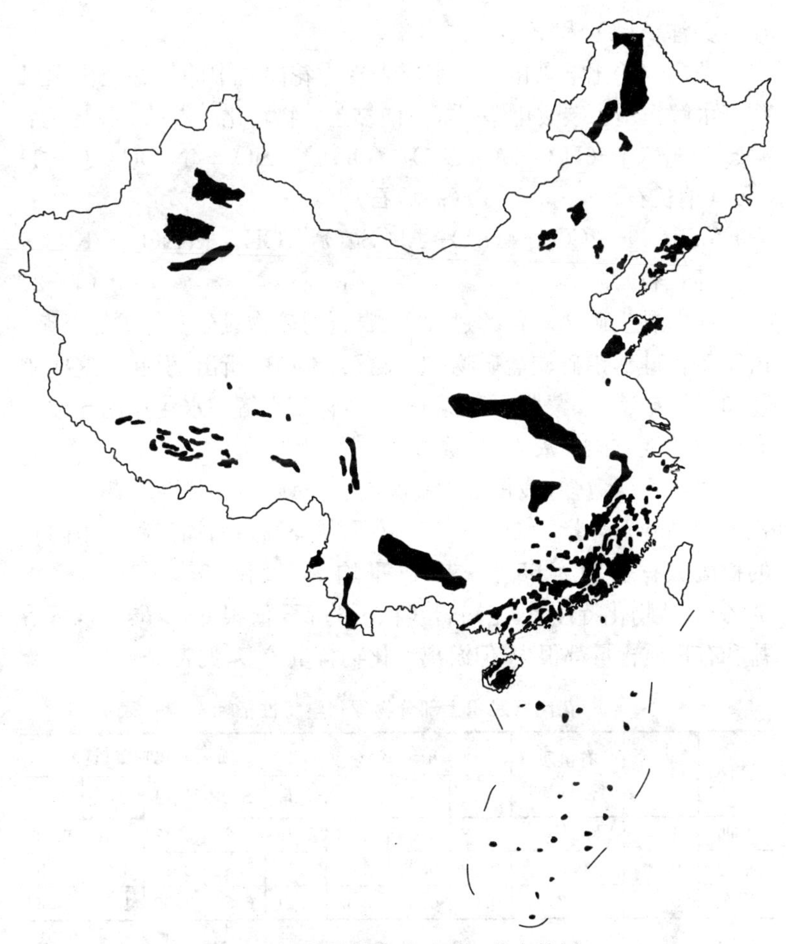

图 1-1 我国花岗岩残积土分布简图

的淋失（由于离子半径的不同，Na^+，Ca^{2+}，Mg^{2+} 比 K^+ 更容易淋失）。然后是 Fe^{2+} 很快水解氧化成 $Fe(OH)_3$，接着是 Fe_2O_3，并因化学惰性而残留下来。硅酸盐中的 Si^{4+} 和 Al^{3+} 被水解成 SiO_2 和 Al_2O_3 胶体，并形成高岭石和伊利石，水解和水化作用使得介质向酸性方向发展。因此，在选用化学风化指标时，不仅需要考虑 SiO_2，K_2O，Na_2O，CaO 和 MgO 含量的减少，

还要关注 Al_2O_3 和 Fe_2O_3 的富集。

花岗岩的化学风化作用主要表现为花岗岩中的长石经化学风化（水解作用、碳酸化作用等）向黏土矿物转化。常见的反应为：

$$4Na[AlSi_3O_8]+6H_2O \rightarrow Al_4[Si_4O_{10}](OH)_8+8SiO_2+4NaOH \quad (1-1)$$

（钠长石）　　　　　（高岭石）

$$4K[AlSi_3O_8]+2CO_2+4H_2O \rightarrow Al_4[Si_4O_{10}](OH)_8+8SiO_2+2K_2CO_3 \quad (1-2)$$

（钾长石）　　　　　　　（高岭石）

在向黏土矿物转化的过程中，岩石的矿物成分变得更加复杂。由于氧化硅从铝硅酸盐矿物（如长石、云母）中析出，引起了这些矿物向黏土矿物（如蒙脱石和绿泥石）转化。水解和水化作用导致了介质向酸性方向发展，并生成高岭石和伊利石。

风化程度愈强，残积土中高岭石含量愈高，如江西省花岗岩残积土中高岭石含量为66%～85%（平均75%）；而福建和广东两省的相应数据分别为65%～93%（平均79%）和70%～94%（平均82%）。从物化特性看，花岗岩残积土的pH值很低（属酸性），可溶盐和有机质含量都很少，但游离氧化物含量较多，见表1-1。

花岗岩残积土部分物理化学特性指标　　　　表1-1

地区	pH值	有机质含量(%)	可溶盐含量(%)				游离氧化物含量(%)			
			难	中	易	总量	SiO_2	Fe_2O_3	Al_2O_3	总量
江西	4.84	0.24	0.08	0.03	0.02	0.13	2.24	5.17	2.70	9.16
福建	6.04	0.30	0.09	0.02	0.01	0.12	5.32	3.27	3.38	11.97
广东	5.39	0.24	0.07	0.02	0.02	0.11	6.50	3.59	4.55	14.64

虽然花岗岩在不同气候带的大陆表层都可能遭受不同类型、不同程度的风化作用，但其化学成分决定了强烈的化学风化作用只有在热带和亚热带气候下持续的作用才有可能。因此世界各地花岗岩风化壳类型、风化壳发育程度、残积土的成分和性质随着纬度即湿热化程度的变化而具有地带性变化的规律：如在中国北纬35°～40°的沿海地区（青岛、秦皇岛、山海关、锦山等地）的低丘、台地上花岗岩残积土最大厚度不超过3m，且残积土的颗粒较粗，土的pH值为7左右。而地处热带的越南南方花岗岩分布区（北纬10°～15°），不

仅形成了很厚的红土风化壳而且形成了砖红壤型的铝土矿，即各类岩石红土风化作用的最终产物——铝土矿（三水铝石带）。而纬度上处于上述两者之间的福建厦门、漳州等沿海地区，红土台地花岗岩风化壳厚度最大可达100m，残积土层最厚达40m，并且形成了规模可观的同安郭山高岭土矿床。残积土中高岭石含量占70%以上，pH值5左右，而在广东深圳、珠海、广州等东南沿海地区，在由黑云母二长石花岗岩所构成的缓丘和台地上，不仅可以形成厚度达50余米的花岗岩风化壳，而且形成了厚达20多米的红色和网纹状残积土层，即富含铁铝的高岭石黏性土层，高岭石、埃洛石含量占黏粒的80%～90%，土的pH值仅4.5～5.0左右，且在红色残积土中有水铝英石的分布。

表1-2为中国华南地区花岗岩残积土风化程度区域的对比分析。表中的残积土都遭受过强烈的水解淋溶作用（即大量碱金属和碱土金属淋失），而且都不同程度地发生了脱硅富铁铝化作用，导致 SiO_2 含量降低和 Al_2O_3 及 Fe_2O_3 富集。同时人们还发现随纬度由高到低，即温度和降雨量的增加，花岗岩残积土的主要化学成分和风化程度指标具有明显的地带性变化规律（图1-2），如泉州（北纬25°附近）一漳州、厦门（北纬24.4°附近）—深圳（北纬22.6°）—湛江（北纬21.2°）红色残积土的 SiO_2 含量、硅铝比和红土化指标（SiO_2/R_2O_3）都有规律地降低，而惰性氧化物 Al_2O_3、Fe_2O_3 的含量则逐渐增加，说明花岗岩残积土红土化程度随着纬度的降低及湿热化程度的增加，有逐渐增强的趋势。

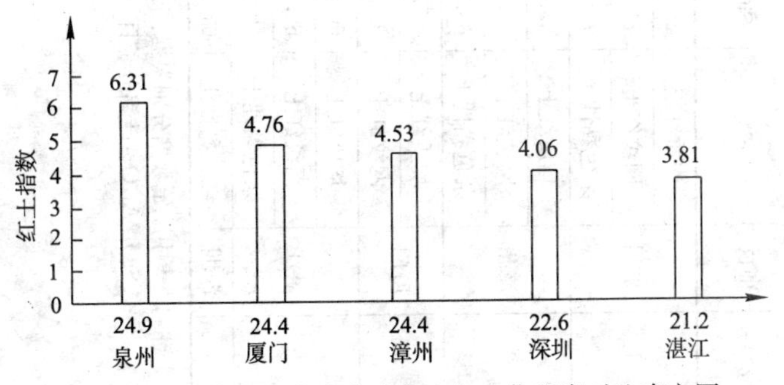

图1-2　华南地区花岗岩残积土红土化程度对比直方图

表 1－2

中国华南地区花岗岩残积土风化程度区域对比表

编号	地区	土类	SiO_3	TiO_3	Al_2O_3	Fe_2O_3	FeO	MgO	CaO	Na_2O	K_2O	SiO_3/Al_2O_3	Fe_2O_3/FeO	SiO_3/R_2O_3
1	泉州	均质红土	69.67	—	17.33	2.24	0.65	0.02	0.66	0.13	2.75	6.834	3.450	6.313
		网纹红土	71.27	—	15.95	2.20	0.44	0.46	0.65	1.09	4.15	7.596	5.000	6.981
		杂色黏性土	72.12	—	15.22	1.50	0.71	0.40	0.56	0.27	4.67	8.055	2.110	7.578
2	漳州	均质红土	63.01	—	19.92	5.81	1.03	0.24	0.39	0.03	0.56	5.377	5.640	4.532
		网纹红土	62.88	—	19.87	5.20	1.00	0.50	0.68	0.43	1.54	5.380	5.200	4.609
		杂色黏性土	63.47	—	18.70	4.65	1.01	1.90	1.31	0.77	3.31	5.770	4.600	4.970
3	厦门	均质红土	65.5	—	21.4	3.10	0.50	0.40	0.40	0.10	0.20	5.203	6.200	4.762
		网纹红土	61.9	—	23.2	3.30	1.20	0.30	0.40	0.10	0.20	4.536	2.750	4.158
4	湛江	均质红土	60.25	—	24.89	3.13	0.50	0.38	0.43	0.12	1.69	4.115	6.260	3.809
		网纹红土	60.75	—	23.62	3.96	0.49	0.21	0.17	0.14	1.26	4.732	8.080	3.949
		杂色黏性土	69.21	—	19.43	2.28	0.29	0.23	0.03	0.13	0.82	6.055	7.860	5.633
5	深圳	红色黏性土	61.84	—	22.66	5.09	—	—	—	—	—	4.639	—	4.057

注：1. 表中原始数据分别根据：泉州、漳州、湛江（张庆云等，1991），厦门（王清等，1990），深圳（何广海，1997）；

2. SiO_3/Al_2O_3：硅铝分子百分比；Fe_2O_3/FeO：重量百分比；SiO_3/R_2O_3：红土化系数，即 $SiO_3/(Fe_2O_3+Al_2O_3)$ 分子百分比。

3. 花岗岩残积土的组成特性

花岗岩残积土中，岩石已风化成土，除石英外，原生矿物绝大部分形成次生矿物，含大量黏土矿物（高岭石为主）和游离氧化物，原岩结构已全被破坏，自上而下基本上可分为三层：①均质红土层，呈砖红色或棕红色，含少量石英砾，土体具有团块结构，结构和颜色较均一；②网纹红土层，以紫红色为主，夹有黄褐、灰白等色相间成网纹结构，含较多石英砂砾；③杂色黏性土层，以黄褐色为主，夹有红、灰、白等斑块，形成杂乱的似网纹状结构，碎屑较多。

花岗岩残积土的组成成分随地域的不同也发生变化。海南省花岗岩残积土的垂直分带比较明显，随深度的增加，颜色由浅而深，原岩结构、构造由浅部的无法辨认逐渐过渡到比较清晰，塑性变化则由可塑（软塑）—硬塑以至坚硬，并过渡到半岩半土的全风化—强风化岩。由于风化程度不同，海南省花岗岩残积土的物理性质差异较大，特别是颗粒级配变化尤为显著。该地区花岗岩残积土为一种含砂砾石的黏性土，黏粒含量为 10%～37%，大于 5mm 的粗颗粒含量为 0.7%～22%，细颗粒部分具有较好的塑性，粗颗粒部分为花岗岩风化碎屑，强度很低，极易压碎成为砂粒。按其天然级配情况，海南省花岗岩残积土风化程度较强的多为含砾的高塑性黏土（含少量砾石的黏土），风化程度较弱的多为含细粒土的砾砂（黏性土质砾砂）。

广东省花岗岩残积土母岩一般以中粗粒黑云母花岗岩为主，故粒度较粗，砾粒一般在 15%～35%之间，而大于 0.1mm（粗粒）的颗粒常超过 50%，多属含砂砾的粉质黏土。广东地区花岗岩残积土的矿物成分主要为石英和高岭石，次要矿物为伊利石、长石、针铁矿或赤铁矿。在广东地区，花岗岩残积土的化学成分主要以 SiO_2、Al_2O_3 和 Fe_2O_3 为主，占 80%～90%，而硅铝含量则较少，除 K_2O 稍多于 1%外，FeO、CaO、MgO、Na_2O 含量都小于 1%，这体现出该地区花岗岩残积土的风化作用强烈。广东地区的花岗岩残积土与我国北部地区相比，Al_2O_3 的含量较多而硅铝比和 K_2O 较少，这表明广东花岗岩残积土的风化作用程度较深，以高岭石为主。在结构特征方面，广东地区花岗岩残积土的均质红土层和网纹红土层一般以絮凝和凝块结构类型为主，表明该地区花岗岩残积土风化程度高，土体中的胶结物多，颗粒之间的结构胶结强度大，作为天然地基时，具有较高的地基承载力和抗剪强度，但也因为这种结构特征，花岗岩残积土在浸水后，胶结联结形式易被破坏，土体易软化崩解。广东地区花岗岩残积土的液限一般在34%～55%之间，塑性指数8～24，属粉质黏土，含水量小，硬塑—可塑状态，孔隙比（0.6～1.1）较大，中等压缩性，α_{1-2}为0.2～0.5MPa^{-1}，内摩擦角较大，为24°～38°之间，黏聚力0.01～0.04MPa。表1-3为深圳地区花岗岩残积土物理力学性质统计表。

深圳地区花岗岩残积土物理力学性质指标统计表　表1-3

项目	天然含水量 w(%)	天然重度 γ(kN/m³)	液限 w_L(%)	塑限 w_P(%)	塑性指数 I_P(%)	液性指数 I_L
平均值 X_m	28.67	18.10	48.03	28.20	19.73	0.024
标准差 σ	6.44	0.090	9.61	5.73	4.49	0.196
变异系数 δ	0.220	0.049	0.200	0.203	0.222	—
标准值 X_k	29.47	—	—	—	—	—

项目	土粒相对密度 d_s	孔隙比 e	压缩系数 α_{1-2}(MPa^{-1})	压缩模量 E_s(MPa)	黏聚力 c(kPa)	内摩擦角 φ(°)	含砾量 (%)
平均值 X_m	2.663	0.923	0.421	6.054	28.00	32.1	29.50
标准差 σ	0.030	0.170	0.016	1.931	5.363	3.494	7.73
变异系数 δ	0.011	0.184	0.037	0.318	0.161	0.108	0.262
标准值 X_k	—	0.945	0.426	5.808	27.318	31.66	—

注：c、φ值系直剪固结快剪指标。

福建省花岗岩残积土的工程特性与广东地区相似，主要矿物基本上也为石英和高岭石，一些地区，比如漳州、泉州也含有伊利石。次要矿物一般为长石、绿泥石及铁质矿物。福建地区花岗岩残积土的化学成分也基本与广东地区相同，主要以SiO_2、Al_2O_3

和 Fe_2O_3 为主，而硅铝比很小。在结构特征方面，也与广东地区花岗岩残积土相似，以絮凝和凝块结构类型为主。在厦门和泉州地区还可见叠聚状结构和骨架状结构。福建地区花岗岩残积土的液限一般为 36%～50%，塑性指数一般在 10～20 之间，属粉质黏土—黏土，含水量小，硬塑—可塑状态，天然密度小，孔隙比（0.67～1.0）较大。漳州地区花岗岩残积土粒度较细，塑性较强，孔隙比也较大，一般 $e>0.9$。中等压缩性，a_{1-2} 为 0.3～0.4MPa^{-1}，E_s 在 4～9MPa 之间，漳州一些地区的土质属高压缩性土。内摩擦角较大，在 20°～30°之间，黏聚力变化也较大，一般在 0.02～0.05MPa 之间。

北方地区花岗岩残积土的风化程度较低，粒度较粗，砾砂含量较多，粗粒常超过 50%甚至达 80%，多属微含细粒的砾类土或砂土。北方地区花岗岩残积土的主要矿物为伊利石、长石和石英，次要矿物为高岭石和蒙脱石。黏土矿物中伊利石为主，其次为高岭石和蒙脱石，这说明风化程度远远不及南方。其化学成分仍以 SiO_2、Al_2O_3、Fe_2O_3 为主，但 RO、R_2O 含量都较大，Al_2O_3 含量相对南方花岗岩残积土较少，而硅铝比较大，这显示了铝的累积较少而盐基淋失也较少，风化程度较低，含较多伊利石和长石。北方地区花岗岩残积土含游离氧化物较少，化学成分中盐基较多，硅铝比较大，阳离子交换量较高，淋溶率和残积率不大，结构以疏松絮凝状和团粒状结构为主，孔隙较多，以中、小孔隙为主。

新疆地区花岗岩残积土分布较广，在乌鲁木齐、库尔勒、石河子等地均有分布，具有北部地区花岗岩残积土的特性，砾粒含量较多，一般为含少量细粒的砾类土或砂土，游离氧化物含量较低，其硅铝比较大，可溶性盐含量与闽粤地区花岗岩残积土相比含量较大，其结构以疏松絮凝状和团粒状结构为主，其花岗岩残积土的风化程度较低。在新疆及其他北部地区花岗岩残积土风化程度低，粒度粗，孔隙小，所以强度较大。新疆地区花岗岩残积土的塑性指数一般在 10～12 之间，含水量中等，孔隙比 0.61～1.2，较大，中等压缩性，a_{1-2}在 0.05～0.66MPa^{-1}之间，内摩擦角在 11°～14°之间，黏聚力一般在 0.026～0.042MPa 之间。各地区花岗岩残积土的物理力学特性如表 1－4 所示。

各地区花岗岩残积土的物理力学特性　　表 1－4

地区	含水量(%)	孔隙比	重度(kN/m^3)	液限(%)	塑性指数	液性指数	压缩系数(MPa^{-1})	压缩模量(MPa)	黏聚力(kPa)	内摩擦角(°)
海南	24.6	0.84	—	40.5	18.27	0.13	0.55	3.39	27.2	23.27
广东	27.1	0.83	—	43.5	14.8	—	0.39	—	25.0	32.2
福建	29.7	0.93	18.2	46.3	16.0	0.23	0.37	5.83	27.0	28.5
琼北	31	0.98	18.4	47.5	18.4	0.21	0.41	7.0	56.5	19.5
广西	45	1.40	17.5	85.0	37.0	0.20	0.30	—	65.0	13.0
江西	28.0	0.83	—	45.0	18.0	—	0.29	—	36.0	24.5
新疆	40.5	0.91	17.5	—	11.0	—	0.36	—	34.0	12.5

花岗岩残积土分为砾质黏性土、砂质黏性土及黏性土。主要以土中含砾量来划分。根据广东省标准《建筑地基基础设计规范》DBJ 15—31—2003 的规定，直径大于 2mm 颗粒含量超过总质量 20％者为砾质黏性土，不超过 20％者为砂质黏性土，不含者为黏性土。从母岩角度分析，中～粗粒花岗岩风化而成的残积土多为砾质黏性土，大于 2mm 的颗粒约为 20％～35％，颗粒成分主要为石英。砂质黏性土由细粒花岗岩风化而成。黏性土多为由穿插在花岗岩中的细晶岩、煌斑岩及辉绿岩等风化而成。

花岗岩残积土不同于一般黏性土（同样定名的黏性土，因所处地貌单元不同而性质有所区别），而花岗岩残积土并不因为所处的地貌单元不同其物理力学性质有较大差别。以砾质黏性土为例，表 1－5 所列之含水量、密度、孔隙比、压缩模量及内摩擦角等指标均无太大差别。但同为黏性土的花岗岩残积土与冲积黏性土比较（塑性指数一样），因不同成因，其差别非常显著，如表 1－6 所示。

不同地貌单元花岗岩残积砾质黏性土物理力学性质比较　　表 1－5

土名	地貌单元		天然含水量 w(%)	密度 ρ (g/cm³)	液限 w_L (%)	孔隙比 e	塑性指数 I_P	液性指数 I_L	压缩系数 α(MPa⁻¹)	压缩模量 E_s(MPa)	内摩擦角 φ(°)	黏聚力 c(kPa)
			算术平均值									
砾质黏性土	台　地		28.3	1.78	50.4	0.90	16.1	0.03	0.39	4.84	30.5	31.0
	海积平原		28.5	1.83	46.8	0.86	14.7	0.07	0.45	4.35	27.7	32.5
	冲沟、谷地		30.3	1.82	46.0	0.89	14.3	0.07	0.42	4.88	28.6	19.4
	长勘资料	平均值	28.3	1.80	—	0.90	16.4	0.26	0.04	5.00	30.1	32.3
		频　数	1661	2502	—	2516	2647	2630	1772	1765	666	666

不司成因的黏性土主要物理力学性质比较　　表 1－6

地层成因	土名	含水量 w(%)	密度 ρ (g/cm³)	孔隙比 e	塑性指数 I_P	液性指数 I_L	压缩系数 α(MPa⁻¹)	压缩模量 E_s(MPa)
残积 Q^{el}	黏性土	37.6	1.75	1.05	13.2	—	0.54	3.8
冲积 Q^{al}	粉质黏土	24.4	1.95	0.72	13.3	0.384	0.30	6.2

虽然处于不同地貌单元的花岗岩残积土的土性指标平均值没有太大变化，但并不意味着花岗岩残积土土质非常均匀，从具体的岩土工程勘察报告中可知，不少土性指标的范围值相当离散。虽然砾质黏性土、砂质黏性土及花岗岩黏性土同是花岗岩残积土风化而成，都称为花岗岩残积土，但由于母岩的不同、土中含砾量的不同，无论是野外观察，还是试验指标，都有明显区别，如按土性特征判定，严格地说不能作为同一类土。花岗岩残积土的颗粒成分具有角砾多、粉黏粒多和中间颗粒少的特点，如表1-7所示。以砾质黏性土为例，其中＜0.05mm的颗粒占27%～71%。由于颗粒比表面积大，与比表面积有关的吸附结合水含量高，故花岗岩残积土含水量较大，孔隙比随之变大。细粒成分为高岭土。高岭土具有平面状，开放、松胶质基底结构类型较为稳定，使其亲水性一般，不具膨胀性。

花岗岩残积土颗粒组成统计表　　表1-7

	砾(mm)	砂(mm)				粉粒(mm)		黏粒(mm)
粒径	＞2	2～0.5	0.5～0.25	0.25～0.1	0.1～0.05	0.05～0.01	0.01～0.005	＜0.005
	%							
砾质黏性土	22～33	9～21	1～8	1～8	1～7	5～14	13～25	9～32
砂质黏性土	1～13	7～23	2～15	1～8	7～18	—	23～30	13～24
黏性土	—	—	—	3	18	33	13	23

4. 花岗岩残积土的工程特性

在天然状态下，花岗岩残积土强度较高，尤其是最下层的砂砾质残积土，压缩性中等偏低，平均孔隙比和透水性较大，但表层土的孔隙比和透水性较小，自上而下逐渐增大，至最下层砂砾质残积土达到最大。花岗岩残积土的工程特性一般分为不均匀性与各向异性、扰动性、软化特性及崩解性。

所谓不均匀性及各向异性，是指在花岗岩中常见不均匀分布的岩脉，有些岩脉的抗风化能力比较强，如石英岩脉；而有些岩脉抗风化能力较弱，如二长岩脉、煌斑岩脉等。前者在残积土中形成硬化层，后者则形成纯高岭土化的软弱夹层，由此形成和导致的残积土中的原生和次生裂隙对边坡失稳起了决定性的作用。从室内及野外试验均证明花岗岩残积土具有较高的抗剪强度，如表1-8所示。按这种抗剪强度来验算，边坡可直立7～8m，但实际上多数边坡在更小高度、更缓坡角下发生失稳。张文华调查研究深圳地区花岗岩残积土边坡，发现其边坡失稳明显不同于一般黏性土，在所调查的45例失稳边坡中，由于边坡过陡而产生圆弧式滑动的只占少数，大多数边坡失稳都是由于土质的不均匀性及各向异性，土体沿着这些原生及次生结构面所形成的软弱面滑动而造成了边坡失稳。

不同方法测得的花岗岩残积土的抗剪强度　　表1-8

试验条件	黏聚力 c(kPa)			内摩擦角 φ(°)		
	统计件数	范围值	平均值	统计件数	范围值	平均值
直剪试验	205	20～54	32	205	16.6～38.3	31
三轴试验	23	15～50	30	23	10.6～35.0	21
野外大面积直剪	6	19～61	40	6	23.8～39.7	29.4

所谓扰动性，是指花岗岩残积土因为其成因而具有特殊的结构，并保留着原岩一定的残留结构强度，且由于风化的原因，残积土中含有大量未经风化的砂砾质颗粒（如石英颗粒），因此在进行钻孔取样、运输及室内切取制作试样时极易对土样产生扰动而破坏土体的原始结构性，使其结构强度受到损失，致使室内压缩试验所测得的压缩模量偏低，压缩系数偏大，故在进行其变形沉降计算时，所得沉降值与实测值相差较大，增加工程造价，造成严重的经济浪费。例如广州市某工程，基础底面约在地面以下12m深，标贯击数N为11～20击，室内压缩试验测得的压缩模量为E_{s1-2}＝4.3MPa，而现场原位载荷板试验所测得的变形模量为40MPa，约

为压缩模量的10倍。依据压缩模量计算的沉降值为774.4mm，依据变形模量计算的沉降值为46.5mm，而实测平均沉降值为40mm。可见，由于花岗岩残积土的扰动，造成室内土工试验所得的压缩模量严重失真，致使所得沉降值误差巨大。

花岗岩残积土的软化特性，是指随着土中含水量的增加，土体强度显著降低，压缩性显著增大的性质。花岗岩残积土中含有大量的游离氧化物，这些游离氧化物（如SiO_2、Fe_2O_3、Al_2O_3）在土中形成絮凝状或凝块状胶结结构，致使残积土有较高的抗剪强度及承载力，而游离氧化物可溶于水，随着含水量的增加，土中起胶结作用的游离氧化物显著减少，从而使土体强度降低，压缩性增大。张永波等在厦门对花岗岩残积土进行了两组载荷板对比试验，第一组天然含水量为8%，测得的地基承载力为660kPa，加水饱和后地基承载力为570kPa；第二组天然含水量为21%，测得的地基承载力为370kPa，加水饱和后地基承载力为200kPa，试验结果充分说明了花岗岩残积土的软化特性。

花岗岩残积土的崩解性，是指浸泡在水中的花岗岩残积土呈散粒状、片状及块状掉剥的性质。简文彬等对福州市花岗岩残积土进行了崩解试验研究，结果表明，残积土的崩解过程大致分为三个阶段：第一阶段，试样浸水约5～10min，崩解时间与崩解量基本呈线性关系，曲线斜率较小，在这一阶段，土体崩解速度较缓，崩解量大约为25%；第二阶段，试样浸水约15～23min，崩解曲线斜率急剧增大，试样出现快速崩解现象，崩解速度加快，短时间内，土体发生大量崩解，崩解量占总量的60%；第三阶段，随着崩解的进行，崩解曲线又趋于缓和，斜率变小，此时，土体崩解成若干较难崩解的小块土体，崩解速度变慢，经约30～40min，土体完全崩解，此阶段的崩解量占总量的15%。

人们对花岗岩残积土的工程特性是逐渐认识的。就深圳地区而言，在深圳特区建设初期，勘察资料显示，花岗岩残积土含水量高，孔隙比接近于1.0或大于1.0，压缩系数偏大，而压缩模量只有4～6MPa。按规范定名，则可定为中—高压缩性软土，按规范查表，承载力较低。然而，实际情况并非如此，事实上，花岗岩残积土标准贯入击数一般不小于 5 击。通过现场载荷板试验测得，其变形模量 E_0 的平均值可达 28.6MPa（砾质黏性土，17 个试验的平均值），比例界限值 395kPa。如表 1-9 所示。

载荷板试验结果及其与相关指标对照　　表 1-9

土名	天然含水量 w(%)	孔隙比 e	压缩系数 α(MPa^{-1})	压缩模量 E_s(MPa)	变形模量 E_0(MPa)	比例界限 P_0(MPa)	标贯击数 N
砾质黏性土	28	0.89	0.29	7.1	28.6	395	9.9
砂质黏性土	32	0.996	0.305	5.7	17.9	270	6.5
黏性土	42	1.26	—	—	13.6	250	5.5

注：表中值为平均值。

将载荷板试验结果与标准贯入击数建立相关关系，可得到花岗岩残积土变形模量的经验值关系式，如式(1-3)所示。

$$E_0 = 2.2N \qquad 10 < N < 30 \tag{1-3}$$

式中　N——实测标准贯入击数；

E_0——土体变形模量（MPa）。

式（1-3）已列入广东省标准《建筑地基基础设计规范》DBJ 15—31—2003 及《深圳地区建筑地基基础设计试行规程》SJG 1　88，作为广东花岗岩残积土地区建筑物天然地基沉降计算的参数依据。同时，也可利用标准贯入击数查表确定花岗岩残积土地基承载力基本值，如表 1-10 所示。

花岗岩残积土的地基承载力基本值 f_0(kPa)　　表 1-10

标准贯入锤击数	4～10	10～15	15～20	20～30
砾质黏性土	(100)～250	250～300	300～350	350～(400)
砂质黏性土	(80)～200	200～250	250～300	300～(350)
黏性土	150～200	200～240	240～(270)	—

花岗岩残积土是一种特殊土，具有较强的结构性，与一般黏性土不同，不能用一般黏性土的理论分析花岗岩残积土。

花岗岩残积土室内物理力学性质较差，但现场测试的变形模量及承载力均较高。高层建筑以花岗岩残积土作为地基持力层在闽、粤地区已有很多工程实例。但是，对花岗岩残积土工程特性的研究，尚有很多工作要做，如花岗岩残积土变形模量的取值及地基沉降计算问题、基坑支护结构水平侧向变形问题、桩土共同作用问题及花岗岩残积土结构性特征等，都有待进一步研究。

1.2　本书的主要研究内容

1. 课题的提出

花岗岩残积土广泛分布于我国东南沿海地区，尤其是广东、福建两省，这些地区建筑地基的持力层大部分都选在花岗岩残积土或其风化岩上。目前，在花岗岩残积土地基沉降计算中，最为突出的问题就是计算参数的选取。

因为花岗岩残积土基本都具有如上所述的特殊的工程性质，所以文献［1］、［2］均将其视为特殊土。由于这些特殊性质，特别是其扰动性和软化性，在地基沉降计算及其他相关计算中，如果使用由室内压缩试验得到的土的压缩模量作为计算参数，往往会由于在取样、运输、室内制备等过程中对土样产生的扰动，使试样土与原状残积土性质相差很多，导致压缩模量的取值失真，以至于沉降变形等计算结果与实际情况相差较大，造成经济浪费或工程事故。所以，使用压缩模量作为参数来计算花岗岩残积土的沉降是不合理的，这已被大量工程实例所证实。

与之相比，变形模量由于是根据现场载荷板试验测得，对原状土扰动较小，更能反映实际土体特性，且在《建筑地基基础设计规范》GB 50007—2002 中明确规定，地基承载力值与变形模量值最终应以现场载荷板试验为准，所以采用变形模量作为花岗岩残积土的沉降计算参数将更为合理。

然而，目前尽管在广东地区花岗岩残积土已采用变形模量的取值方法，但仍然存在着不足，即普遍采用的变形模量取值公式为式（1-3），其结果只相当于残积土地基变形模量的平均值，并没有考虑当标贯击数相同、残积土土质不同时的变形模量的差别，这会在计算中产生较大的误差。因此，在变形模量的取值方法的研究方面，仍有待深入，这是本书的核心工作。这不仅对于花岗岩残积土地基的沉降计算意义重大，而且还会由此影响到花岗岩残积土地区基坑支护结构水平侧向变形的计算、桩土共同作用的分析及花岗岩残积土固结沉降与时间的关系特性等。

2. 主要研究内容

（1）研究花岗岩残积土的结构性；

（2）建立更加适合花岗岩残积土地基的变形模量的取值方法，以此作为参数计算残积土地基沉降变形，并与广东地区现有花岗岩残积土变形模量取值方法计算所得的沉降结果进行比较分析，分析花岗岩残积土地基固结沉降与时间的关系；

（3）利用本书提出的变形模量取值方法计算花岗岩残积土地区基坑支护结构水平侧向变形，并与现有规范规定的残积土变形模量取值方法及“m”法的计算结果进行比较分析；

（4）花岗岩残积土桩基础端阻力与侧阻力的相互影响及桩土共同作用研究；

（5）对回填花岗岩残积土地基处理方法的研究。

1.3　研究意义及创新点

1. 研究意义

本书根据现有广东地区花岗岩残积土变形模量取值方法存在的不足，利用经验方法及统计分析原理，提出了考虑花岗岩残积土三种土体类型的变形模量取值方法，并将其运用到花岗岩残积土地基沉降计算、基坑支护结构水平侧向变形、桩土共同作用的分析及花岗岩残积土固结沉降与时间关系等相关问题上，研究意义如下：

（1）经济意义。将本书提出的花岗岩残积土变形模量取值方法作为计算参数，所得计算沉降值与实测沉降值的相对误差一般为 16%～32%，而使用式（1-3）算法得出的沉降相对误差一般为 44%～130%；在花岗岩残积土基坑支护结构水平侧向变形计算中，利用本书的变形模量取值方法所得基坑水平侧向变形结果与实测水平侧向变形的相对误差为 10%～20%，使用式（1-3）得出的水平侧向变形的相对误差一般在 90%左右，使用“*m*”法计算的相对误差一般在 200%左右；根据对花岗岩残积土变形模量的分析研究，利用桩土共同作用原理，通过对厦门两栋高层建筑（30 层）复合地基的分析，整个工程仅布桩 65 根即可满足要求，比原有地基处理方法节省约 1235 万元。

（2）理论意义。本书根据花岗岩残积土的原位载荷板试验与标准贯入试验的试验数据，采用统计分析方法，考虑花岗岩残积土的三种不同类型土质，提出了广东地区新的变形模量的取值方法。根据实际工程 1～3 年的实测沉降与计算所得沉降数据的对比分析，对变形模量的取值进行了修正，得出了修正系数，改进了地基沉降计算与基坑水平侧向变形的计算方法，具有一定的理论意义。

（3）实用意义。本书提出的新的变形模量取值方法，形式简单实用，只需将残积土层的标贯击数代入相应的公式，即可得到不同类型残积土的变形模量，便于应用，而且通过工程实例分析验证了本书取值方法的合理性和经济性。

（4）对标准和规范的贡献。广东地方规范与深圳市地方规程均将式（1-3）作为花岗岩残积土变形模量的取值方法，但该方法没有考虑不同类型的花岗岩残积土。对于三种不同类型的花岗岩残积土，只要标准贯入击数相同，所得变形模量就相同，给最终的计算结果带来误差。而本书基于三种不同类型的花岗岩残积土，提出了相应的变形模量取值方法，并考虑到土体的固结时效，提出了变形模量的修正系数，为相关标准和规范的修编提供了参考。

2. 创新点

（1）通过室内土工试验研究了花岗岩残积土的结构性。根据应力综合结构势概念，通过室内侧限压缩试验，对花岗岩残积土的结构性进行了分析和研究。通过花岗岩残积土的含水量、干密度及外部压力等因素的变化，考察对花岗岩残积土结构性强弱的影响，以此分析取样、搬运及制备等外部作用对花岗岩残积土的物理力学指标的影响。

（2）提出了适用于广东地区花岗岩残积土变形模量的新的取值方法。考虑了花岗岩残积土的三种典型土质（砾质黏性土、砂质黏性土和黏性土）对变形模量取值的影响，采用统计分析的方法，基于载荷板试验与标贯试验实测资料的统计分析及与实测沉降资料的对比分析，提出了新的变形模量的取值方法。并通过对工程实例的沉降计算，证实新的取值方法与现有广东及一些地方性规范所规定的变形模量取值方法相比，更加科学、合理、实用。

（3）分析了花岗岩残积土地基固结沉降与时间的关系，得到了残积土地基固结沉降特性，并对残积土地基沉降与时间的关系曲线进行了归一化处理，提出了归一化的沉降—时间公式，利用该公式，可预测花岗岩残积土地区建筑物固结沉降与时间的关系。

（4）将提出的变形模量的取值方法用于花岗岩残积土基坑支护结构水平侧向变形的计算中。通过对具体实例的分析，表明本书提出的变形模量取值方法在计算支护桩的水平侧向变形方面，较现有广东地区变形模量取值方法的计算结果更准确，更经济合理，同时也保证了安全性。

（5）将提出的变形模量的取值方法用于对花岗岩残积土桩基承载力的影响及桩土共同作用中。桩的端阻力和侧阻力与桩端土的变形模量有很大关系。当考虑花岗岩残积土变形模量的影响时，桩端阻力和侧阻力将大于工程地质报告中的提供值或规范查表的经验值，单桩承载力提高20％～40％，不仅使桩基持力层可选在残积土层，而且可使桩数减少20％左右，使用桩数量得到第一次优化。当考虑到花岗岩残积土的高强度及低压缩性的特点，利用桩与土的共同作用原理，采用复合地基概念，仅需要打入少量桩就可以完全满足地基的承载力和沉降要求，使桩基数量得到第二次优化。二次优化的概念在花岗岩残积土地基桩基设计中属首次提出，既节省了资金，又降低了施工难度。

综上所述，本书适应了当前东南沿海地区工程建设的需要，对花岗岩残积土的变形模量取值方法和与之相关的地基变形问题进行了深入研究，通过将研究成果应用于工程实践，证明其合理性和正确性。本书研究成果对当前东南沿海花岗岩残积土地区的地基基础设计与施工具有一定的实用价值和理论意义。

第 2 章　花岗岩残积土的结构特征研究

2.1　概述

土体结构性的研究已经成为国际土力学界一个重要的研究方向，被称为“21 世纪土力学的核心问题”。土体的结构性是指土体颗粒和孔隙的形状、排列（或称组构）及颗粒之间的相互作用，特别是天然土的结构性对其土工特性有较大的影响。就花岗岩残积土而言，其结构性的研究，对残积土地区地基沉降计算的参数选取、基坑支护结构水平侧向变形的预测及桩—土共同作用的分析等方面都有重要的理论意义和工程实用价值。

在国内，花岗岩残积土结构性的研究主要集中在微结构的研究方面。《岩土工程勘察规范》GB 50021—2001、东南沿海地区的地方性规范及《工程地质手册》都将花岗岩残积土作为一种特殊土，主要因为花岗岩残积土的结构特征与一般黏性土有很大差异，主要表现在颗粒含量和物理化学成分方面。

就颗粒含量而言，在广东地区，花岗岩残积土粒度较粗，砾粒一般 15%～35%，大于 0.1mm（粗粒）的颗粒常超过 50%，多属含砂砾的粉质黏土。福建地区的花岗岩残积土粒度较细，砾粒小于 25%，小于 0.1mm（细粒）的颗粒常超过 50%，多属微含砂砾的粉质黏土和黏质粉土。总体而言，花岗岩残积土的粒度较粗，砂砾粒含量较多，黏粒含量较少。一般随风化程度的逐渐加强，粒度会随之变细，即砂砾粒含量减少，黏粒含量增多。因此，花岗岩残积土既具有黏性土的性质，又具有砂土的某些特性。

就物理化学成分而言，根据 X 光衍射、差热、扫描电镜、化学分析及物化特性的测试资料综合分析，可知闽、粤地区花岗岩残积土的主要矿物是石英和高岭石，次要矿物有伊利石、长石、针铁矿或赤铁矿，厦门以南均质红土中有三水铝石存在。小于2μm部分高岭石含量都在65%以上，伊利石含量较少（6%～23%），蒙脱石极少见。化学分析表明，无论全土或小于2μm部分，东南沿海地区花岗岩残积土中的游离氧化物（SiO_2、Al_2O_3、Fe_2O_3）含量都较丰富，其化学成分以SiO_2、Al_2O_3及Fe_2O_3为主，约占80%～90%，硅铝比较少，除K_2O稍多于1%外，FeO、CaO、MgO、Na_2O含量均小于1%，说明花岗岩残积土的风化作用强烈，Al_2O_3及Fe_2O_3大量累积，SiO_2有部分淋失，盐基部分大部淋失。广东花岗岩残积土与福建相比，Al_2O_3含量较多而硅铝比和K_2O较少，表明广东残积土的风化程度较深，以高岭石为主，伊利石含量较少。东南沿海地区花岗岩残积土由下至上Al_2O_3、Fe_2O_3含量增多，RO、R_2O、硅铝比减少，反映风化程度由弱逐渐增强。

由于丰富的游离氧化物含量及特有的矿物组成，构成了东南沿海地区花岗岩残积土特有的结构特征，闽、粤地区花岗岩残积土的均质红土层和网纹红土层一般以絮凝和凝块状结构类型为主，形成了土中较多的胶结物，颗粒之间的结构胶结强度大，在厦门和泉州地区还可见叠聚状结构和骨架状结构。作为天然地基时，花岗岩残积土这种结构特征可提供较高的地基承载力和抗剪强度，土体具有中等偏低的压缩性，变形模量一般为20～70MPa，是高层建筑等重要工程理想的地基持力层。但在浸水或扰动后，这种胶结联结形式易被破坏，土体易软化崩解，使其丧失原有的工程特性。

本章主要通过土工试验的手段，分析由于粗颗粒含量、含水量、干密度及外部压力等因素的改变对花岗岩残积土结构性的影响，表明将室内土工试验获得的压缩模量等作为地基变形的计算参数欠妥。

2.2　土体结构性定量化参数

谢定义等人曾采用土工试验的方法研究土的结构性，本章也将采用土工试验的方法分析花岗岩残积土的结构性。有鉴于此，本节拟对土的结构性的理论及试验方法做较系统的介绍。

土结构性定量化的研究方向在于土力学试验途径，并应在这个方向上寻求能够同时合理反映结构可稳性（联结特征）和结构可变性（排列特征）的定量化指标。

用土力学的方法来描述土的结构性，在这里有两个重要含义。一是要寻求一个类似粒度、密度和湿度的构成指标综合反映土的结构性；二是这个指标的测定要以土力学试验为基础，并吸收土力学中在表征结构性方面的有效概念。

为了寻求能够与荷载作用相联系的土结构性参数，以便反映土在受荷过程中原生结构逐渐破坏、次生结构逐渐形成的耦合和动态变化规律，建议以原状土、饱和原状土和扰动重塑土的压缩试验为基础定义和测定土结构性定量参数。

图 2-1 给出了由上述 3 种土试样得到的压缩曲线。假设某一压力 p 下原状土的压缩变形为 s_0，饱和原状土的压缩变形为 s_s，扰动重塑土的压缩变形为 s_r。

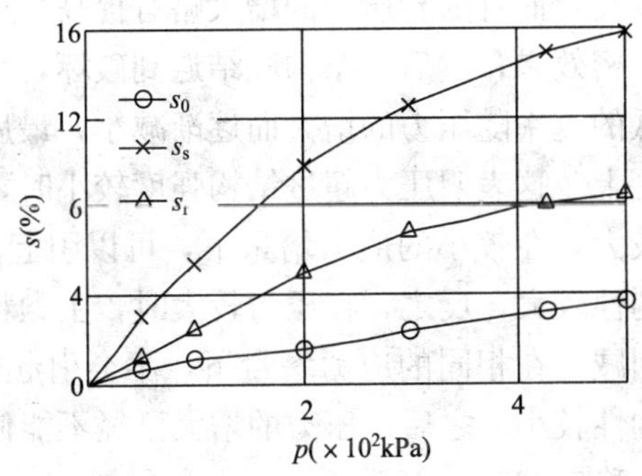

图 2-1　结构性参数计算原理

如定义

$$m_1=s_s/s_0,\ m_2=s_0/s_r \tag{2-1}$$

则 m_1 愈大，即表示结构可变性愈强；m_2 愈小，即表示结构可稳性愈强。为了提高结构性参数的敏感性，并从结构可稳性和结构可变性的强弱来反映土结构势的强弱，可以使 m_1 和 m_2 以下列方式结合起来，定义土的结构性参数为

$$m_p=\frac{m_1}{m_2}=\frac{s_s/s_0}{s_0/s_r}=\frac{s_r\cdot s_s}{s_0^2} \tag{2-2}$$

式中　m_p——综合结构势，随着作用压力 p 的变化而变化。

由式（2-2）的定义可知，土的联结愈强，它的扰动引起的强度损失愈大，在力的作用下发生的变形也愈大；土的排列愈不稳定，浸水和力的作用下使土结构破坏后发生的变形也愈大。因此，土颗粒的排列愈不稳定时，m_1 愈大，m_p 就愈大；联结愈强时，m_2 愈小，m_p 也愈大。可见 m_1、m_2 的变化均能够合理而且敏感的反映土结构性参数的变化。

土结构性参数 m_p 的下标 p 表示土的结构性在受力变形过程中随应力 p 的大小而变化。求得不同压力下土结构性的表现，就可以研究土结构性由原生结构到次生结构的动态变化过程。图 2-2 为由图 2-1 所示的一组曲线计算所得的不同压力 p 下的结构性参数 m_p。由图 2-2 可知，土的结构性参数在压力未达到结构强度以前较高，而且随着压力的增大略有提高，反映了一定的结构调整与压密效果；然后，结构联结遇到破坏，结构性参数明显降低，降低的速率随压力的增大而逐渐减小，最后，它基本稳定在一个水平上。这表明压力超过结构强度较小时，土颗粒排列的不稳定势较大，在较小的应力增量下，可以引起较大的突变，这时土的结构性较大；反之，在压力较大时，土颗粒原有的不稳定势被大大削减，在相同的应力增量下，不会引起较大的突变，这时土的结构性较小。之后，压力的增大已经不能使土的密度进一步增大，而稳定在一个水平上。

综上可知，这样构造出的结构性参数，即综合结构势，不仅

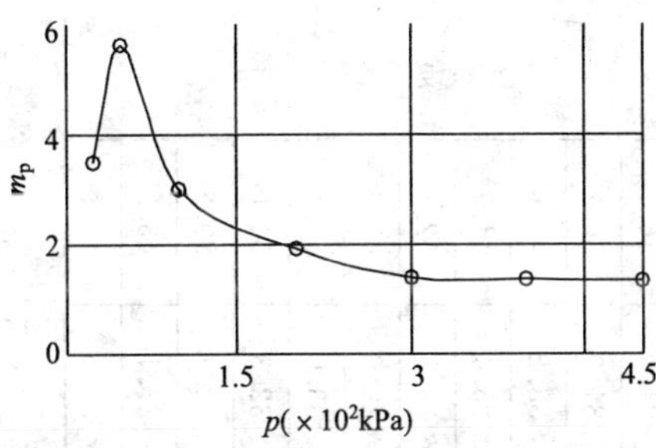

图 2-2 人工结构性土的结构性参数曲线

具有理论上的合理性和灵敏性，而且具有应用上的广泛性。

在以下各节中，将用综合结构势研究三种类型花岗岩残积土——砾质黏性土、砂质黏性土和黏性土的结构特征。

2.3 砾质黏性土在压缩试验下的结构变化特征

本节以花岗岩残积土的砾质黏性土室内侧限压缩试验为基础，采用应力综合结构势参数定量方法作为理论依据，得到了砾质黏性土的结构性参数曲线，对静荷载作用下的砾质黏性土的结构性变化特征及影响结构性的因素进行了全面分析。

1. 压缩试验方案

(1) 土样来源及物理性质指标

试验所用砾质黏性土土样取自深圳市南山区太子花园施工现场，土样共 12 份，取土深度为 5.8～15.6m，土质为砾质黏性土，将土样按其天然干密度分为 3 组，每组 4 份，每组土样的天然干密度分别为：1.28g/cm^3、1.41g/cm^3、1.51g/cm^3，所对应的饱和含水量为：49%、35%、26%。12 份土样详细的物理性质指标如表 2-1 所示。

(2) 试样的制备、试验仪器与试验方法

三组试验共 12 份土样，每一份按原状砾质黏性土、饱和砾质黏性土及重塑砾质黏性土进行制备，每组所控制的干密度分别为1.28g/cm^3、1.41g/cm^3、1.51g/cm^3，所对应的饱和含水量

表2-1 砾质黏性土的物理性质指标

土样编号	取土深度（m）	含水量（%）	调制含水量（%）	干密度（g/cm^3）	孔隙比 e	液限（%）	塑限（%）	塑性指数（%）	颗粒组成（%）		土质分类
									>2mm	>0.5mm	
1	5.8~7.4	10	10	1.28	0.850	32.2	19.8	12.4	30.3	46.8	砾质黏性土
2	15.0~15.6	27.1	26		0.830	33.2	22.1	11.1	31.9	46.7	
3	7.2~8.4	35	35		0.915	49.5	35.5	14.0	31.0	50.2	
4	11.0~12.9	48.2	49		1.073	44.5	30.3	14.2	38.2	49.6	
5	5.8~8.4	11.5	10	1.41	—	31.4	20.1	13.2	25.4	44.3	
6	11.0~13.1	20	20		0.499	27.4	16.6	10.8	39.7	52.8	
7	11.4~12.8	26	26		0.648	31.6	20.2	11.4	29.6	47.4	
8	12.9~13.4	33.6	35		0.990	46.1	30.6	15.5	33.0	52.4	
9	8.0~8.6	10.7	10	1.51	0.568	30.8	19.4	11.4	32.3	51.5	
10	9.1~9.7	15	15		0.587	29.8	19.4	10.4	22.4	39.2	
11	10.1~10.6	20	20		0.875	45.2	28.8	16.4	27.1	43.2	
12	15.0~15.6	24.7	26		1.074	49.5	33.2	16.3	30.5	44.9	

分别为：49%、35%、26%。再将每组土样制备成四种不同含水量的原状、饱和、重塑的环刀试样。按《土工试验方法标准》GB/T 50123—1999 中的规定，环刀试样的内径为 61.8mm，高度为 20mm。其中，饱和砾质黏性土环刀试样是将原状砾质黏性土制成环刀试样后，放入真空饱和装置中，先抽气 1～2h，使饱和装置处于真空状态，然后在真空状态下，将饱和装置注满水，在此状态下保持 24h 后制备而成。重塑砾质黏性土环刀试样是由原状砾质黏性土样经烘干、碾碎、过筛后压制而成。在第一组（ρ_d = 1.28g/cm^3）试样中，原状、饱和、重塑试样按含水量 10%、26%、35%、49%制备，在制备过程中，如有与上述要求的含水量有出入者，将通过适当的风干法或水膜转化法，将含水量调制到要求值。在第二组（ρ_d = 1.41g/cm^3）试样中，原状、饱和、重塑试样按含水量 10%、20%、26%、35%制备，同理，在第三组（ρ_d=1.51g/cm^3）试样中，原状、饱和、重塑试样按含水量 10%、15%、20%、26%制备。在后两组试样中，含水量的调制与第一组试样相同。将制备完成的原状、饱和、重塑砾质黏性土环刀试样装入养护缸保湿养护，直到开始压缩试验为止。表 2-2 为砾质黏性土压缩试验试样制备情况。

砾质黏性土压缩试验试样制备表　　　　表 2-2

土类	干密度 (g/cm^3)	状态描述	含水量（%）					
			10	15	20	26	35	49
砾质黏性土	1.28	原状	√			√	√	√
		重塑	√			√	√	√
		饱和						√
	1.41	原状	√		√	√	√	
		重塑	√		√	√	√	
		饱和					√	
	1.51	原状	√	√	√	√		
		重塑	√	√	√	√		
		饱和				√		
备注	干密度为 1.28g/cm^3、1.41g/cm^3、1.51g/cm^3 时对应的饱和含水量分别为：49%、35%、26%							

本次压缩试验在北京华勘科技责任有限公司生产的全自动固结仪上进行。压缩试验全过程均由电脑控制，在调整好分级荷载（此次压缩试验的分级荷载 p 值设定为 50kPa，100kPa，200kPa，300kPa 及 400kPa）、初始条件及判稳标准（在 1 小时内两级荷载下的沉降差不超过 0.01mm）等项目后，即可开始压缩试验，整个试验过程不需要人为干预，试验进行 24 小时。试验方法根据中华人民共和国国家标准《土工试验方法标准》GB/T 0123—1999的规定步骤进行。

2. 侧限压缩试验条件下砾质黏性土的结构变化特征

根据应力综合结构势参数的定义，利用不同控制条件下原状、重塑以及饱和砾质黏性土试样的压缩试验所得的压力变形曲线求取结构性参数，分析砾质黏性土的结构变化特征以及影响结构性变化的因素。

图 2-3～图 2-6 为干密度 $\rho_d=1.28\text{g/cm}^3$ 时，不同含水量的原状、饱和和重塑状态下土样的压缩曲线。

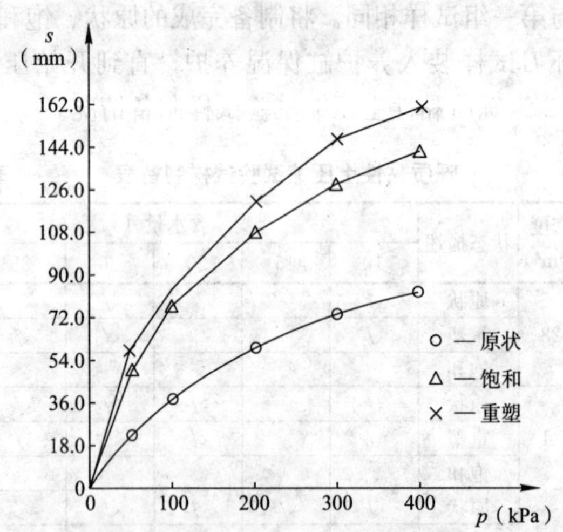

图 2-3　$\rho_d=1.28\text{g/cm}^3$ 和 $w=10\%$时砾质黏性土原状、饱和、重塑状态下的压缩曲线

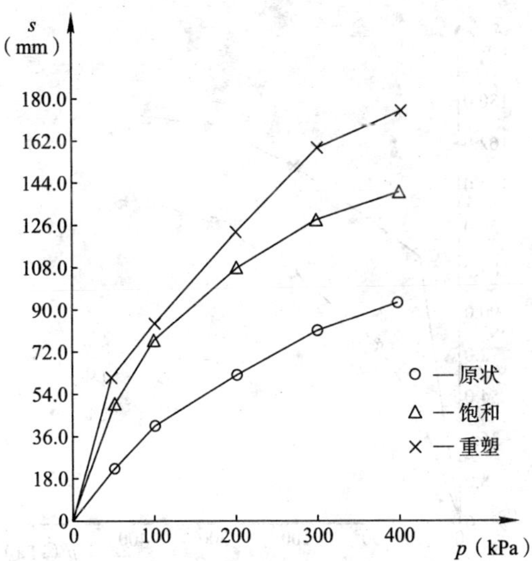

图 2-4　ρ_d=1.28g/cm³ 和 w=26%时砾质黏性土原状、饱和、重塑状态下的压缩曲线

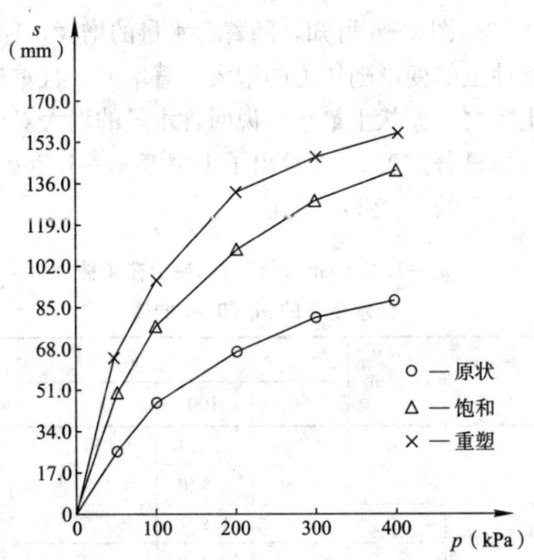

图 2-5　ρ_d=1.28g/cm³ 和 w=35%时砾质黏性土原状、饱和、重塑状态下的压缩曲线

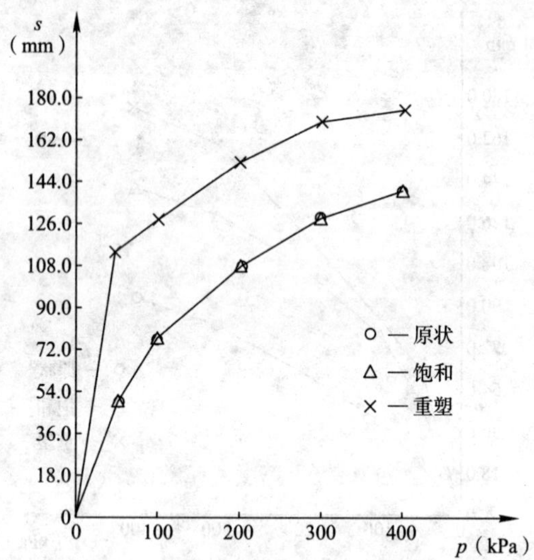

图 2-6　ρ_d=1.28g/cm³ 和 w=49%时砾质黏性土原状、饱和、重塑状态下的压缩曲线

由图 2-3～图 2-6 可知，随着含水量的增大，原状、饱和、重塑砾质黏性土的变形随压力的增大显著增大，且重塑土变形最大，饱和土次之，原状土最小。说明含水量的增大对砾质黏性土的结构性破坏显著。表 2-3 给出了干密度 ρ_d=1.28g/cm³ 时，4 种不同含水量下的 m_1 和 m_2 的值。

ρ_d=1.28g/cm³ 时砾质黏性土在 4 种含水量下的 m_1 和 m_2 的值　　　**表 2-3**

干密度	含水量(%)	m_1、m_2	p(kPa)				
			50	100	200	300	400
ρ_d=1.28g/cm³	10	m_1	2.243	2.074	1.921	1.767	1.700
		m_2	0.380	0.440	0.486	0.492	0.516
	26	m_1	2.141	1.927	1.726	1.583	1.507
		m_2	0.374	0.468	0.506	0.508	0.531
	35	m_1	1.920	1.690	1.613	1.596	1.584
		m_2	0.400	0.474	0.504	0.550	0.570

续表

干密度	含水量(%)	m_1、m_2	p(kPa)				
			50	100	200	300	400
ρ_d=1.28g/cm³	49	m_1	1.000	1.000	1.000	1.000	1.000
		m_2	0.435	0.613	0.730	0.758	0.800

由表2-3可知，当干密度ρ_d=1.28g/cm³时，随着压力的增加，m_1逐渐减小，m_2逐渐增加。说明压力是改变砾质黏性土结构性的一个主要因素，随着压力的增加，砾质黏性土的结构性在逐渐减弱。同样，随着含水量的增加，m_1逐渐减小，m_2逐渐增加。验证了谢定义等人所提出的土结构性的理论，即土的联结愈强，它的扰动引起强度的损失愈大，在力的作用下发生的变形也愈大；土的排列愈不稳定，浸水和力的作用使土结构破坏后发生的变形也愈大。因此，土颗粒的排列愈不稳定时，m_1愈大，m_p就愈大；联结愈强时，m_2愈小，m_p也愈大。可见花岗岩残积土m_1、m_2的变化也能够合理而且敏感的反映土结构性参数的变化。

图2-7～图2-15为根据压缩试验资料整理得到的砾质黏性土结构性参数曲线。

其中图2-7～图2-9为含水量对砾质黏性土结构性的影响。图中分别为干密度ρ_d=1.28g/cm³、ρ_d=1.41g/cm³、ρ_d=1.51g/cm³时4种不同含水量下的砾质黏性土结构性参数曲线，由图可知，结构性参数与含水量关系明显。含水量愈低，在同一压力下对应的结构性参数愈大。随着含水量的增加，结构性参数值降低明显，并且曲线趋于平缓。当含水量为10%时，结构性参数值要高于同一压力下其他含水量对应的结构性参数值，这说明含水量的变化对花岗岩残积土的影响是剧烈的，随着花岗岩残积土含水量的增加，土体本身的胶结联结遭到破坏，结构性逐渐减弱，甚至是完全丧失。试验结果解释了在天然条件下具有较高地基承载力和抗剪强度的花岗岩残积土在浸水后其力学特性便会

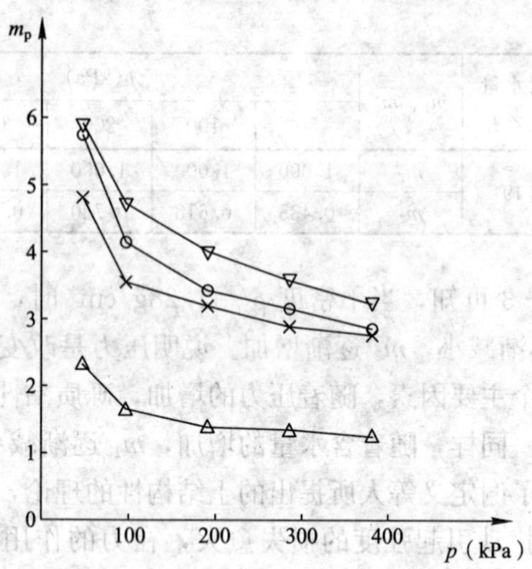

图2-7 ρ_d=1.28g/cm³ 时砾质黏性土的结构性参数曲线

▽—含水量10%；○—含水量26%；×—含水量35%；△—含水量49%

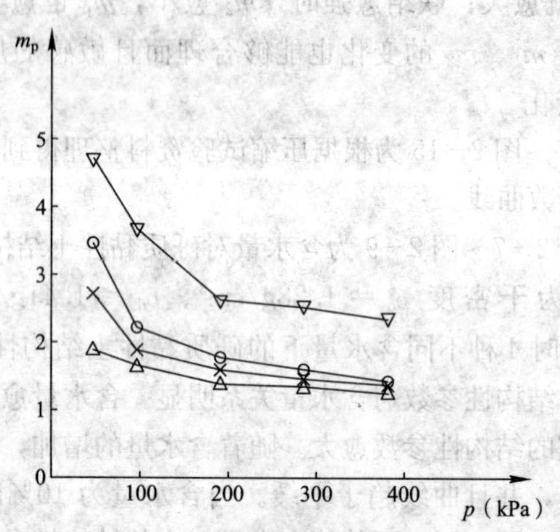

图2-8 ρ_d=1.41g/cm³ 时砾质黏性土的结构性参数曲线

▽—含水量10%；○—含水量20%；×—含水量26%；△—含水量35%

丧失的原因。同时，结构性参数随着压力的逐渐增加，表现为其数值逐渐降低，表明砾质残积土在压力未达到结构强度峰值以

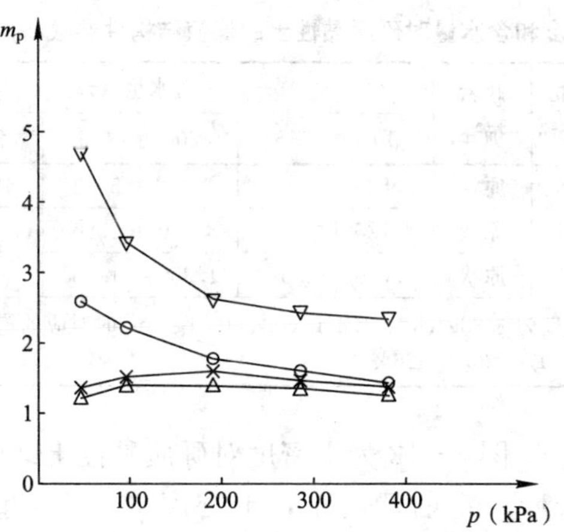

图 2-9 $\rho_d=1.51g/cm^3$ 时砾质黏性土的结构性参数曲线

▽—含水量 10%；○—含水量 15%；×—含水量 20%；△—含水量 26%

前，随压力的增长，结构性并没有因土颗粒适当的调整压密而有所增大。说明对于砾质黏性土来说，压力是影响其结构性的一个主要因素。

当含水量较小（10%）且压力较低（＜200kPa）时，随着压力的增加，结构性参数曲线下降较快，表现为可变性，其曲线的下降主要由其不稳定势控制。当压力大于 200kPa 时，残积土的不稳定势已基本被释放，含水量和压力对土体的影响已经很小，结构性参数曲线趋于平缓，可变性降低，可稳性增强。这说明在加载初期，随着荷载的增加，土的原生结构逐渐被破坏，而在加载后期，其次生结构逐渐形成。当含水量增大时，其结构性参数曲线趋于可稳性，如图 2-9 所示，当 $\rho_d=1.51g/cm^3$、$w=26\%$时，其结构性参数曲线近乎一条水平直线，说明因含水量的增加降低了花岗岩残积土的结构性，使其结构性随压力的增加变化不再明显，从试验的结果看，符合花岗岩残积土的结构特性。表 2-4 给出了不同干密度及含水量情况下原状砾质黏性土结构性参数 m_p 的峰值表。

不同干密度和含水量时砾质黏性土的峰值结构性参数 m_p　　表 2-4

土类	干密度 (g/cm^3)	状态描述	含水量 (%)					
			10	15	20	26	35	49
砾质黏性土	1.28	原状	5.896	—	—	5.725	4.800	2.314
	1.41	原状	4.726	—	3.470	2.800	1.860	—
	1.51	原状	4.600	2.577	1.300	1.185	—	—
备注	干密度为 1.28g/cm^3、1.41g/cm^3、1.51g/cm^3 时对应的饱和含水量分别为：49%、35%、26%							

图 2-10～图 2-12 为干密度对砾质黏性土结构性的影响。图中为含水量一定的情况下，干密度 $\rho_d=1.28g/cm^3$、$\rho_d=1.41g/cm^3$ 和 $\rho_d=1.51g/cm^3$ 的砾质黏性土结构性参数曲线。由图可知，当含水量一定时，干密度的增加也会使砾质黏性土的结构性参数曲线表现出一定的规律性。同含水量的增加相似，随着干密度的增加，结构性参数值显著降低，当干密度较小时（$\rho_d=1.28g/cm^3$），在加载初期结构性参数曲线表现为可变性，结构性曲线的形态主要由可变性支持的不稳定势控制。随着压力的增加，不稳定势的释放，曲线趋于平缓，表现为可稳性。随着干密度的增大，结构性参数曲线的可稳性开始大于其可变性，甚至完全表现为可稳性，趋于一条水平直线。这可以理解为干密度的增大使孔隙比减小，使残积土失去了变形的空间，含水量和外部作用对土体进一步压密的影响已经不明显。而在较高干密度（$\rho_d=1.51g/cm^3$）下，低含水量的残积土结构性曲线的可变性较强，如图 2-10 所示，主要是由于低含水量下残积土的胶结作用还没有被完全破坏的缘故。

图 2-13～图 2-15 为压力变化对砾质黏性土结构性的影响。一般情况下，压力的增大引起土体的压密会使砾质黏性土结构的可变性减小而使结构可稳性增强。一般由于可变性减小较快而可稳性增加较慢，即这种影响的不同步性，使得压力增大时砾质黏性土的结构性总体变弱。

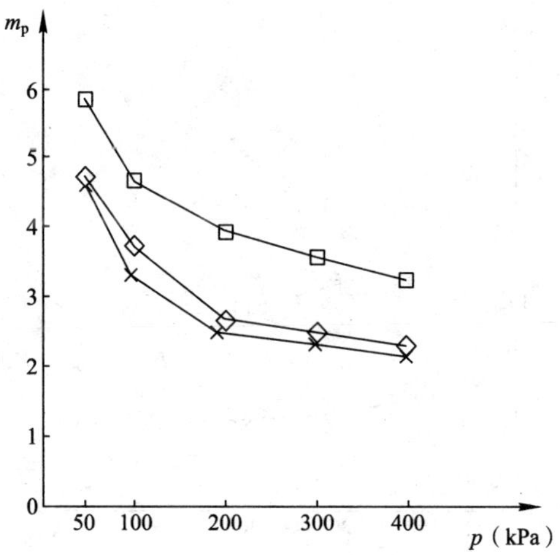

图 2-10　w=10%时砾质黏性土结构性参数曲线

□—ρ_d=1.28g/cm^3；◇—ρ_d=1.41g/cm^3；×—ρ_d=1.51g/cm^3

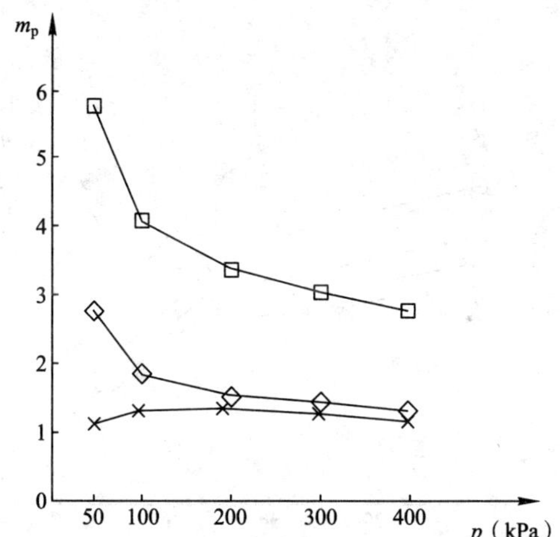

图 2-11　w=26%时砾质黏性土结构性参数曲线

□—ρ_d=1.28g/cm^3；◇—ρ_d=1.41g/cm^3；×—ρ_d=1.51g/cm^3

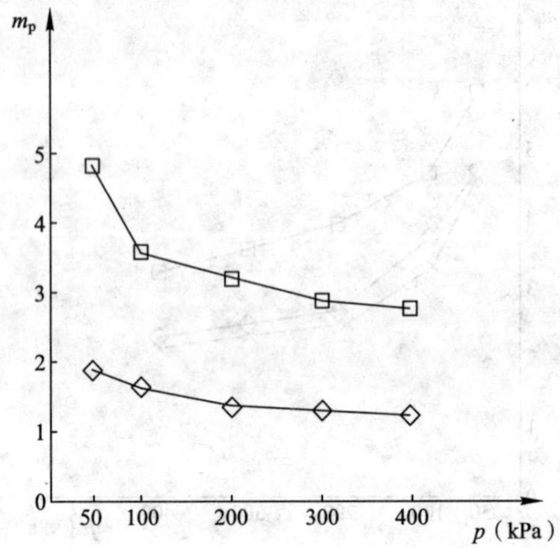

图 2-12　$w=35\%$时砾质黏性土结构性参数曲线

□—$\rho_d=1.28g/cm^3$；◇—$\rho_d=1.41g/cm^3$

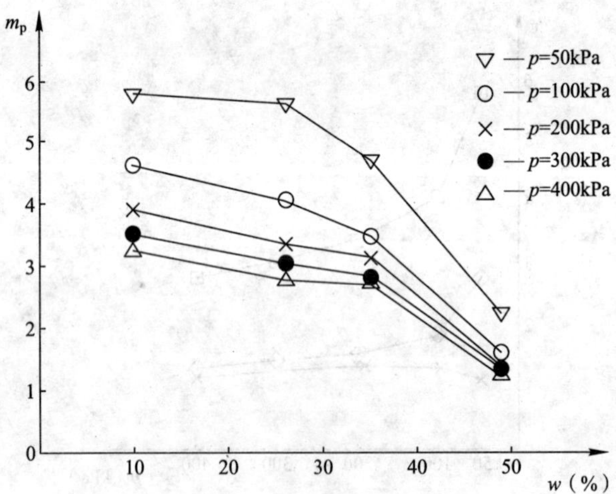

图 2-13　$\rho_d=1.28g/cm^3$ 时砾质黏性土不同压力下结构性参数曲线与含水量的关系曲线

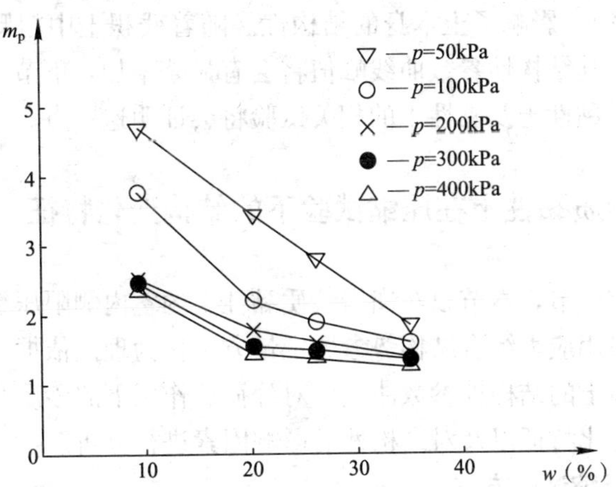

图 2-14 ρ_d=1.41g/cm³ 时砾质黏性土不同压力下结构性参数曲线与含水量的关系曲线

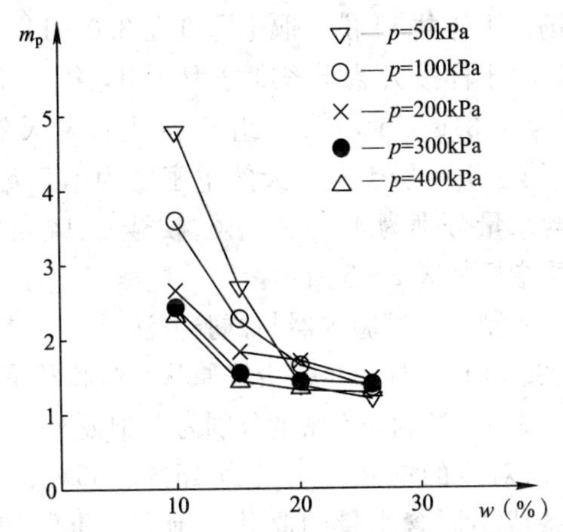

图 2-15 ρ_d=1.51g/cm³ 时砾质黏性土不同压力下结构性参数曲线与含水量的关系曲线

由图 2-7～图 2-12 还可知，无论含水量和干密度的高低，结构性参数 m_p 的变化范围均较小，最大值小于 6。结构性参数曲线的形态也不及其他结构性土（如湿陷性黄土和黏性土）明显，这主要是由于砾质黏性土的粗颗粒含量偏大（其粗颗粒含量>20%），影响了土本身的结构性。随着残积土中粗颗粒含量的降低，其结构性参数曲线峰值将会有显著增加，下节介绍的花岗岩砂质黏性土及黏性土的相关试验将会证明这一点。

2.4　砂质黏性土在压缩试验下的结构变化特征

同前一节，本节以花岗岩砂质黏性土的室内侧限压缩试验为基础，采用应力综合结构势参数定量方法作为理论依据，得到了砂质黏性土的结构性参数曲线，对静荷载作用下的砂质黏性土的结构性变化特征以及对结构性的影响因素进行分析。

1. 压缩试验方案

（1）土样来源及其物理性质指标

试验所用砂质黏性土土样取自深圳市宝安区新龙园住宅小区二期施工现场，土样共 14 份，取土深度在 3.0～14.0m，土质为砂质黏性土，将土样按天然干密度分为 3 组，第一组 5 份土样，天然干密度为 1.31g/cm^3，第二组 5 份土样，天然干密度为 1.43g/cm^3，第三组 4 份土样，天然干密度为 1.52g/cm^3，每组对应的饱和含水量分别为 45%、35%、28%。14 份土样的详细物理力学性质指标如表 2-5 所示。

（2）试样的制备、试验仪器与试验方法

3 组试验共 14 份土样，每一份按原状、饱和及重塑砂质黏性土进行制备，每组所控制的干密度分别为 1.31g/cm^3、1.43g/cm^3、1.52g/cm^3，所对应的饱和含水量为 45%、35%、28%。再将每组土样制备成不同含水量的原状、饱和、重塑的环刀试样，按《土工试验方法标准》GB/T 50123—1999 中的规定，环刀试样的内径为 61.8mm，高度为 20mm。饱和及重塑砂质黏性土的制备过程与砾质黏性土相同，在此不再赘述。第一组（ρ_d=1.31g/cm^3）原状、饱和、重塑试样按含水量 10%、20%、28%、35%、45%制备；第二组（ρ_d=1.43g/cm^3）原状、饱和、重塑试样按含水量 10%、15%、20%、28%、35%制备；第三

砂质黏性土的物理性质指标

表 2－5

土样编号	取土深度（m）	含水量（%）	调制含水量（%）	干密度（g/cm^3）	孔隙比 e	液限（%）	塑限（%）	塑性指数（%）	颗粒组成（%）		土质分类
									>2mm	>0.5mm	
1	3.0～3.2	9.2	10	1.31	0.851	51.6	33.6	18.0	16.6	30.5	砂质黏性土
2	6.2～6.4	21.1	20		0.914	47.1	29.1	18.1	11.5	19.9	
3	8.5～8.9	26.5	28		0.967	48.9	34.9	14.0	15.7	38.5	
4	7.0～7.9	37.4	35		1.073	44.5	30.3	14.2	18.4	37.8	
5	13.0～14.0	43.2	45		1.128	46.9	33.3	13.6	9.7	10.4	
6	5.3～5.7	11.7	10	1.43	0.826	39.5	26.1	13.4	15.4	44.3	
7	5.3～5.7	17.3	15		0.790	43.3	29.4	13.9	12.9	39.0	
8	10.2～10.4	21.1	20		0.734	36.9	24.5	12.4	12.9	41.5	
9	8.0～8.4	26.7	28		0.890	42.8	29.4	13.4	11.8	36.4	
10	13.0～13.4	35.0	35		0.931	37.2	23.6	13.6	3.5	12.3	
11	5.5～5.7	10.0	10	1.52	0.733	39.8	25.5	14.3	12.7	30.7	
12	8.0～8.7	17.3	15		0.648	44.8	31.7	13.1	19.8	34.3	
13	10.0～10.4	22.0	20		0.755	40.3	25.3	15.0	18.7	34.5	
14	10.0～10.4	27.4	28		0.801	56.6	38.1	18.5	19.2	31.0	

组（ρ_d＝1.52g/cm^3）原状、饱和、重塑试样按含水量 10%、15%、20%、28%制备，含水量的调制过程与砾质黏性土的过程相同。将制备完成的原状、饱和、重塑砂质黏性土环刀试样装入养护缸保湿养护，直到开始压缩试验为止。表 2－6 给出了砂质黏性土压缩试验的试样制备情况。

砂质黏性土压缩试验试样制备表　　　　表 2－6

土类	干密度（g/cm^3）	状态描述	含水量（%）					
			10	15	20	28	35	45
砂质黏性土	1.31	原状	√		√	√	√	√
		重塑	√		√	√	√	√
		饱和						√
	1.43	原状	√	√	√	√	√	
		重塑	√	√	√	√	√	
		饱和					√	
	1.52	原状	√	√	√	√		
		重塑	√	√	√	√		
		饱和				√		
备注	干密度为 1.31g/cm^3、1.43g/cm^3、1.52g/cm^3 时对应的饱和含水量分别为：45%、35%、28%							

本次压缩试验所用试验仪器与砾质黏性土试验相同，均为北京华勘科技责任有限公司生产的全自动固结仪。压缩试验全过程也与砾质黏性土的压缩试验相同。整个试验过程不需要人为干预，压缩试验进行 24 小时。试验方法根据中华人民共和国国家标准《土工试验方法标准》GB/T 0123—1999 的规定步骤进行。

2. 侧限压缩试验条件下砂质黏性土的结构变化特征

图 2－16～图 2－20 为干密度 ρ_d＝1.31g/cm^3 时，土样原状、饱和、重塑状态下的压缩曲线。

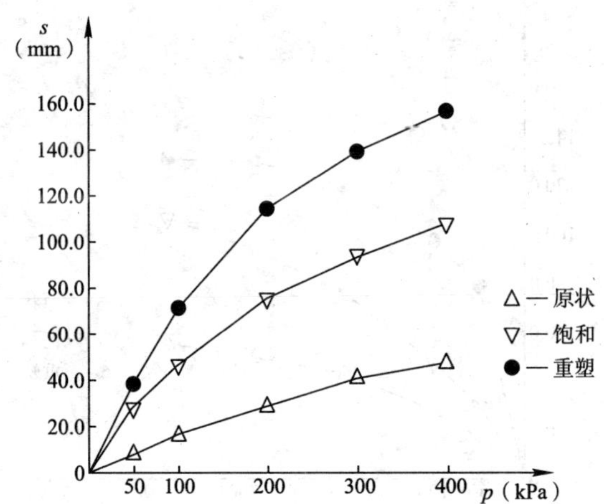

图 2-16 ρ_d=1.31g/cm^3 和 w=10%时砂质黏性土原状、饱和、重塑状态下的压缩曲线

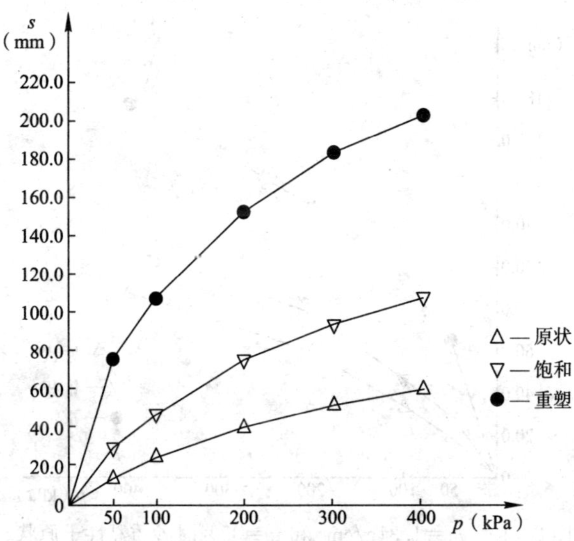

图 2-17 ρ_d=1.31g/cm^3 和 w=20%时砂质黏性土原状、饱和、重塑状态下的压缩曲线

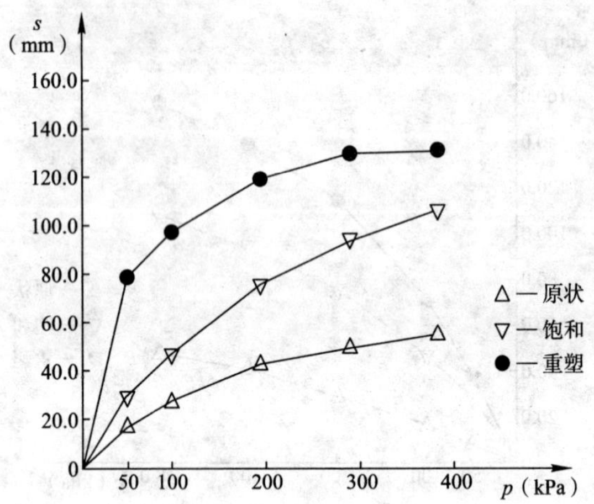

图 2-18　ρ_d=1.31g/cm³ 和 w=28%时砂质黏性土原状、饱和、重塑状态下的压缩曲线

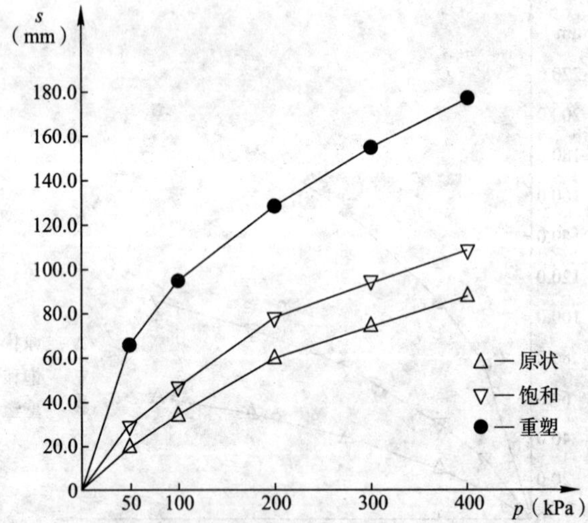

图 2-19　ρ_d=1.31g/cm³ 和 w=35%时砂质黏性土原状、饱和、重塑状态下的压缩曲线

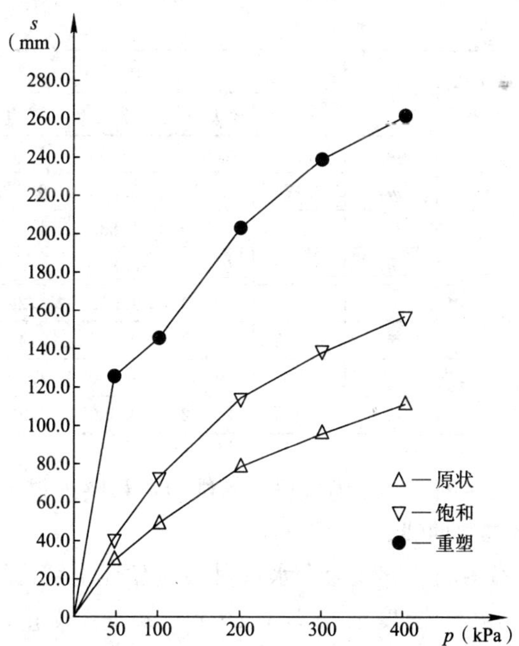

图 2-20　ρ_d=1.31g/cm³ 和 w=45%时砂质黏性土原状、饱和、重塑状态下的压缩曲线

由图 2-16～图 2-20 可知，与砾质黏性土相同，随着含水量的增大，原状、饱和、重塑砂质黏性土的变形随压力的增大显著增大，且重塑土变形最大，饱和土次之，原状土最小，说明含水量的增大对花岗岩残积土的结构性破坏显著。表 2-7 为当干密度 ρ_d=1.31g/cm³ 时，5 种不同含水量下的 m_1 和 m_2 的值。

当 ρ_d=1.31g/cm³ 时砂质黏性土在 5 种含水量下的 m_1 和 m_2 的值　　**表 2-7**

干密度	含水量(%)	m_1、m_2	p(kPa)				
			50	100	200	300	400
ρ_d=1.31g/cm³	10	m_1	3.481	2.911	2.645	2.374	2.327
		m_2	0.211	0.226	0.255	0.286	0.298

续表

干密度	含水量（%）	m_1、m_2	p(kPa)				
			50	100	200	300	400
ρ_d=1.31g/cm³	20	m_1	2.257	2.029	1.993	1.881	1.811
		m_2	0.174	0.219	0.255	0.276	0.295
	28	m_1	1.851	1.790	1.839	1.932	1.995
		m_2	0.202	0.276	0.354	0.383	0.417
	35	m_1	1.438	1.330	1.313	1.289	1.231
		m_2	0.305	0.378	0.456	0.474	0.496
	45	m_1	1.000	1.000	1.000	1.000	1.000
		m_2	0.234	0.352	0.380	0.397	0.407

图2-21～图2-26为依据压缩试验资料整理得到的砂质黏性土结构性参数曲线。

图2-21～图2-23为含水量对砂质黏性土结构性的影响。图中分别为在干密度 $\rho_d=1.31g/cm^3$、$\rho_d=1.43g/cm^3$、$\rho_d=1.52g/cm^3$ 时不同含水量下的砂质黏性土结构性参数曲线。由图可知，随着含水量的增加，结构性参数值降低明显，并且曲线趋于平缓。说明含水量的变化对砂质黏性土的影响较大，随着含水量的增加，土体本身的胶结联结遭到破坏，其结构性逐渐减弱，甚至是完全丧失。

由图2-21可知，当干密度较低（$\rho_d=1.31g/cm^3$）时，结构性参数曲线下降较快，特别是当含水量较小（10%）、且压力较低（200kPa）时，这种变化更加明显，其结构性表现为可变性较大而可稳性较低，曲线的下降主要由不稳定势控制。压力大于200kPa时，残积土的不稳定势已基本被释放，含水量和外力对土体的影响已经很小，结构性参数曲线趋于平缓，可变性降低，可稳性增强。这说明在加载初期，随着荷载的增加，砂质黏性土的原生结构逐渐被破坏，而在加载后期，其次生结构逐渐形成。

随着干密度的增加，当 $\rho_d=1.43g/cm^3$ 时（图2-22），其结构的不稳定势较之 $\rho_d=1.31g/cm^3$ 时有所降低，因此，结构的

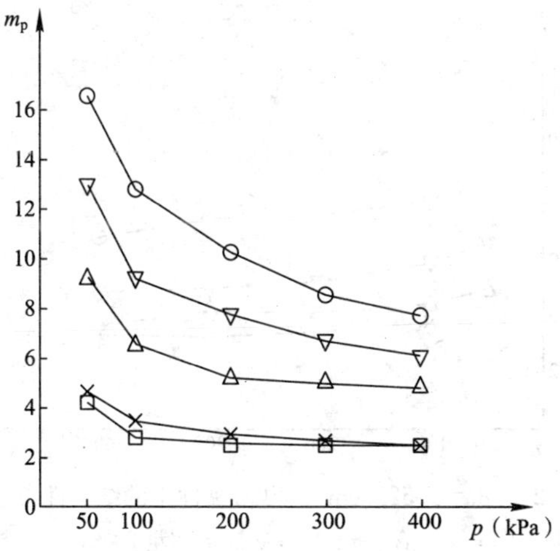

图 2-21　ρ_d=1.31g/cm^3 时砂质黏性土的结构性参数曲线

○—含水量 10%；▽—含水量 20%；△—含水量 28%；×—含水量 35%；□—含水量 45%

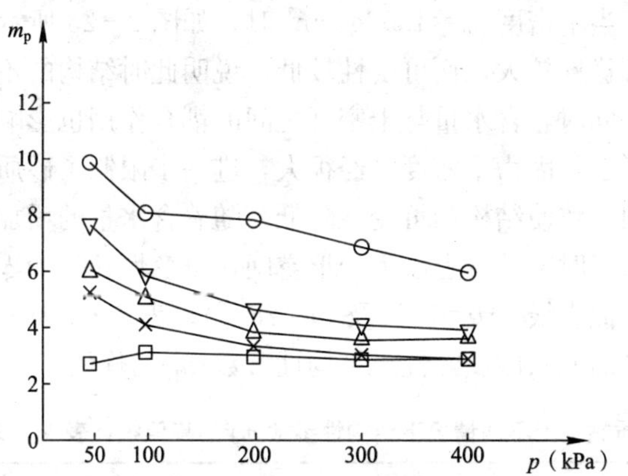

图 2-22　ρ_d=1.43g/cm^3 时砂质黏性土的结构性参数曲线

○—含水量 10%；▽—含水量 15%；△—含水量 20%；×—含水量 28%；□—含水量 35%

可变性降低，而可稳性增加，其结构性参数曲线由可稳性和可变性同时控制，在结构性曲线上表现为曲线更加平缓。在含水量较高（w=35%）的情况下，其结构性曲线几乎为一条直线，这说

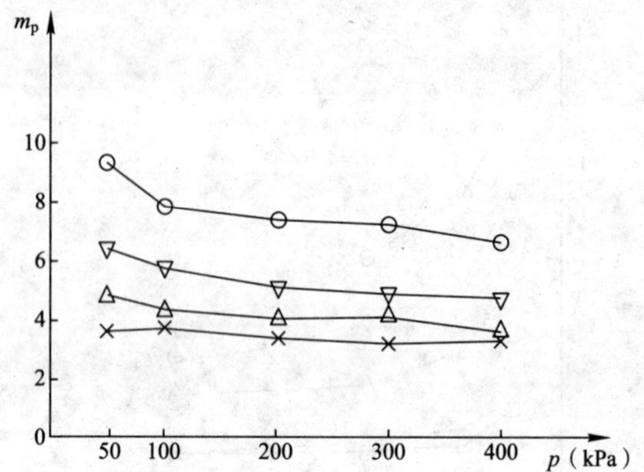

图 2-23　ρ_d=1.52g/cm^3 时砂质黏性土的结构性参数曲线

○—含水量 10%；▽—含水量 15%；△—含水量 20%；×—含水量 28%

明因含水量的增加降低了砂质黏性土的结构性，使结构性随外力的增加变化不再明显，从试验的结果看，符合花岗岩残积土的结构特征。当干密度 ρ_d=1.52g/cm^3 时，如图 2-23 所示，砂质黏性土的可稳性较大，而可变性较低，说明此时结构的不稳定势已经很低。同时，含水量与干密度之间的耦合作用也影响到结构性曲线的形态，因为干密度已经很大，进一步限制了砂质黏性土的变形空间，致使结构的可变性降低。随着含水量的增加，当达到饱和含水量时，基本上已无变形空间，可变性几乎为零，结构性曲线已近似直线（w=20%及 w=28%）。表 2-8 为不同干密度及含水量的原状砂质黏性土结构性参数 m_p 的峰值。

砂质黏性土不同情况下结构性参数 m_p 的峰值统计表　　表 2-8

土类	干密度(g/cm^3)	状态描述	含水量（%）					
			10	15	20	28	35	45
砂质黏性土	1.31	原状	16.480	—	12.968	9.140	4.720	4.270
	1.43	原状	9.884	7.663	5.979	5.154	2.640	—
	1.52	原状	9.320	6.384	4.641	3.574	—	—
备注	干密度为 1.31g/cm^3、1.43g/cm^3、1.52g/cm^3 时对应的饱和含水量分别为：45%、35%、28%							

由图 2-24～图 2-26 可知，同砾质黏性土相似，压力的变化也影响砂质黏性土的结构性。一般情况下，压力的增大引起土体的压密同样会使砂质黏性土结构的可变性减小而使结构可稳性

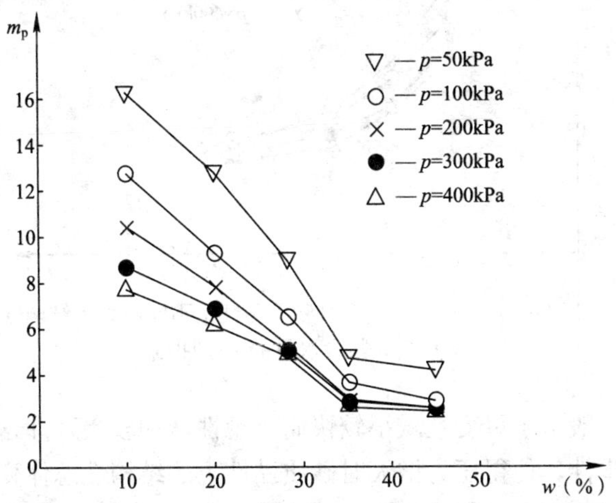

图 2-24 $\rho_d=1.31g/cm^3$ 时砂质黏性土不同压力下结构性参数曲线与含水量的关系曲线

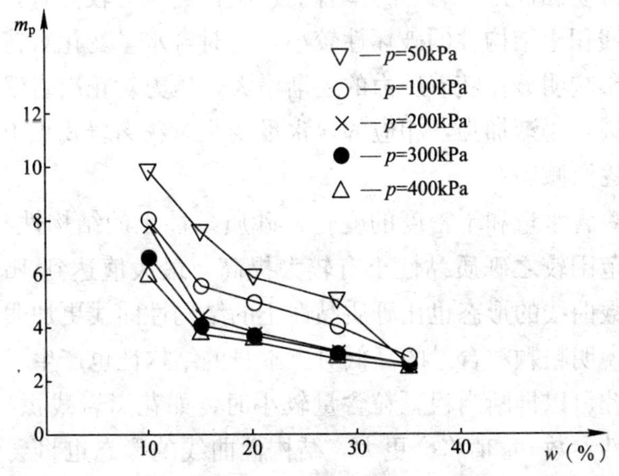

图 2-25 $\rho_d=1.43g/cm^3$ 时砂质黏性土不同压力下结构性参数曲线与含水量的关系曲线

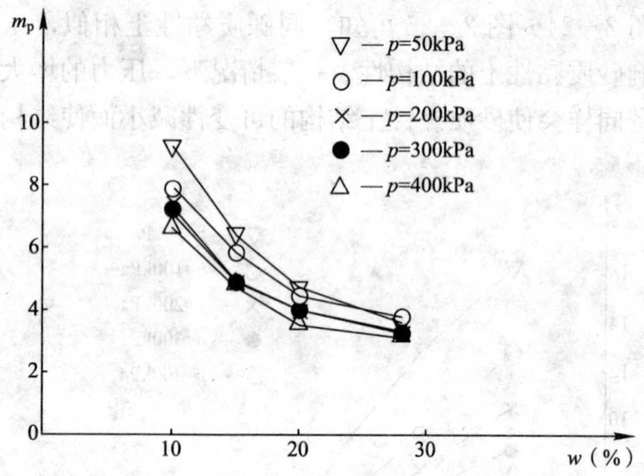

图 2 - 26　ρ_d＝1.52g/cm³ 时砂质黏性土不同压力下结构性参数曲线与含水量的关系曲线

增强。一般由于可变性减小较快而可稳性增加较慢，即这种影响的不同步性，使得压力增大时砂质黏性土的结构性总体变弱。这种特性对不同花岗岩残积土具有共性。

由上述分析还可知，压力与含水量对花岗岩残积土（砂质黏性土及砾质黏性土）有一种耦合的影响，当压力较低时，压力对花岗岩残积土结构性的破坏性较小，此时含水量变化对花岗岩残积土的影响明显；随着压力的逐渐增大，压力对花岗岩残积土结构性的破坏逐渐加强，相应的含水量变化对花岗岩残积土结构性的影响逐渐减弱。

随着含水量和干密度的变化，砂质黏性土的结构性参数 m_p 的变化范围较之砾质黏性土有较大提高，最大值达到 16，其结构性参数曲线的形态也比砾质黏性土的结构性曲线更加明显，这进一步说明粗颗粒含量的高低对土本身的结构性也产生了较大影响。因此可以推断当粗颗粒含量较小时，如花岗岩残积黏性土，其结构性参数 m_p 值将会更大，结构性曲线的形态也将会更加明显，而当粗颗粒含量较大时，如全风化或强风化的花岗岩残积土可能将不适合应力综合结构势。

2.5 花岗岩黏性土在压缩试验下的结构变化特征研究

本节仍以室内侧限压缩试验为基础，采用应力综合结构势参数定量方法作为理论依据，研究花岗岩黏性土的结构性，得到了花岗岩黏性土的结构性参数曲线，并对其进行了较全面的分析。

1. 压缩试验方案

（1）土样来源及其物理性质指标

试验所用花岗岩黏性土土样取自大望、梧桐山村市政供水工程中途加压泵房挡土墙地基施工现场，土样共取 14 份，取土深度在 3.0～8.5m，土质为花岗岩黏性土。将这 14 份土样按天然干密度分为三组，第一组 5 份土样，天然干密度为 1.35g/cm³；第二组 5 份土样，天然干密度为 1.46g/cm³；第三组 4 份土样，天然干密度为 1.54g/cm³，每组对应的饱和含水量分别为 43%、33%、24%。14 份土样的详细物理力学性质指标如表 2-9 所示。

（2）试样的制备、试验仪器与试验方法

与砾质及砂质黏性土样相同，试验所用的三组共 14 份土样，每一份按原状、饱和及重塑花岗岩黏性土进行制备，每组所控制的干密度分别为 1.35g/cm³、1.46g/cm³、1.54g/cm³，所对应的饱和含水量为 43%、33%、24%。再将每组土样制备成不同含水量的原状、饱和及重塑的环刀试样，其所遵循的标准及制备过程与砾质及砂质黏性土相同。第一组（ρ_d=1.35g/cm³）原状、饱和、重塑试样按含水量 10%、20%、24%、33%、43%制备；第二组（ρ_d = 1.46g/cm³）原状、饱和、重塑试样按含水量 10%、15%、20%、24%、33%制备；第三组（ρ_d=1.54g/cm³）原状、饱和、重塑试样按含水量 10%、15%、20%、24%制备。将制备完成的原状、饱和、重塑花岗岩黏性土环刀试样装入养护缸保湿养护，直到开始压缩试验为止。表 2-10 给出了花岗岩黏性土压缩试验的试样制备情况。

表2-9

花岗岩黏性土的物理性质指标

土样编号	取土深度（m）	天然含水量（%）	调制含水量（%）	干密度（g/cm^3）	孔隙比 e	液限（%）	塑限（%）	塑性指数（%）	土质分类
1	3.0～3.2	7.4	10	1.35	0.718	39.6	24.7	14.9	花岗岩黏性土
2	5.5～5.7	19.5	20		0.677	27.2	16.8	10.4	
3	6.0～6.2	25.7	24		0.769	37.3	22.0	15.3	
4	7.6～7.8	38.1	33		0.799	29.1	18.7	10.4	
5	7.8～8.0	46.4	43		1.025	42.9	26.1	16.8	
6	3.3～3.7	9.8	10	1.46	0.709	38.4	23.1	15.2	
7	4.5～4.8	16.4	15		0.716	40.5	25.4	16.9	
8	5.9～6.5	18.7	20		0.693	28.6	17.6	11.3	
9	6.7～7.0	24.6	24		0.762	41.9	25.4	16.4	
10	7.7～8.5	33.4	33		0.957	38.9	23.7	14.7	
11	3.1～3.5	11.7	10	1.54	0.738	35.6	26.8	14.7	
12	3.7～4.2	14.3	15		0.669	27.3	14.5	12.9	
13	4.6～5.4	21.8	20		0.689	29.1	18.3	11.0	
14	6.7～7.8	28.6	24		0.911	45.7	20.6	16.7	

花岗岩黏性土压缩试验试样制备表　　　表 2-10

土类	干密度 (g/cm^3)	状态描述	含水量（%）					
			10	15	20	24	33	43
黏性土	1.35	原状	√		√	√	√	√
		重塑	√		√	√	√	√
		饱和						√
	1.46	原状	√	√	√	√	√	
		重塑	√	√	√	√	√	
		饱和					√	
	1.54	原状	√	√	√	√		
		重塑	√	√	√	√		
		饱和				√		
备注	干密度为 1.35g/cm^3、1.46g/cm^3、1.54g/cm^3 时对应的饱和含水量分别为：43%、33%、24%							

2. 侧限压缩试验条件下花岗岩黏性土的结构变化特征

图 2-27～图 2-31 为干密度 ρ_d＝1.35g/cm^3 时，原状、饱和、重塑状态下土样的压缩曲线。

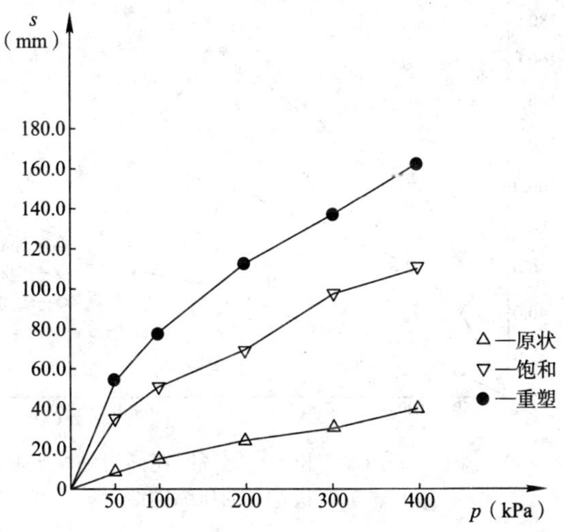

图 2-27　ρ_d＝1.35g/cm^3 和 w＝10%时花岗岩黏性土原状、饱和、重塑状态下的压缩曲线

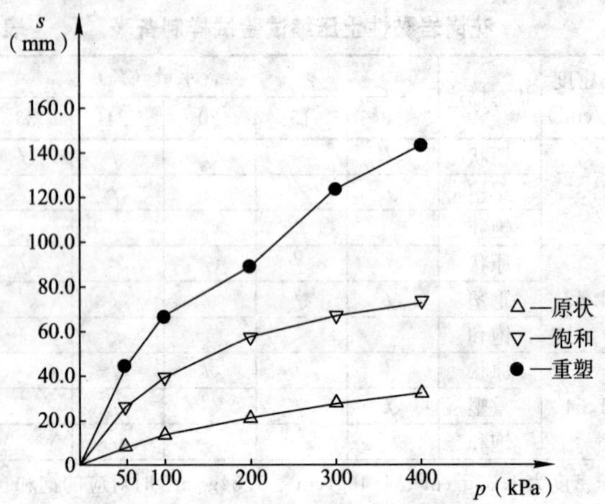

图 2-28　ρ_d=1.35g/cm³ 和 w=20%时花岗岩黏性土原状、饱和、重塑状态下的压缩曲线

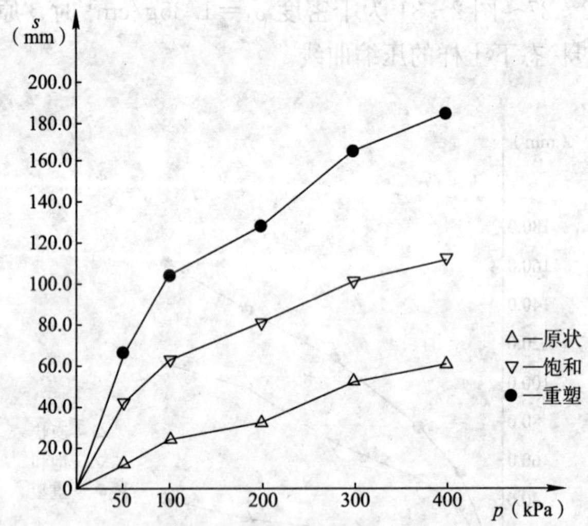

图 2-29　ρ_d=1.35g/cm³ 和 w=24%时花岗岩黏性土原状、饱和、重塑状态下的压缩曲线

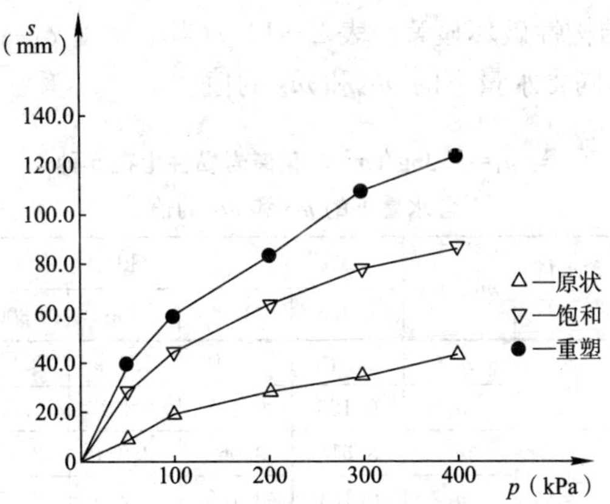

图 2-30 ρ_d=1.35g/cm^3 和 w=33%时花岗岩黏性土原状、饱和、重塑状态下的压缩曲线

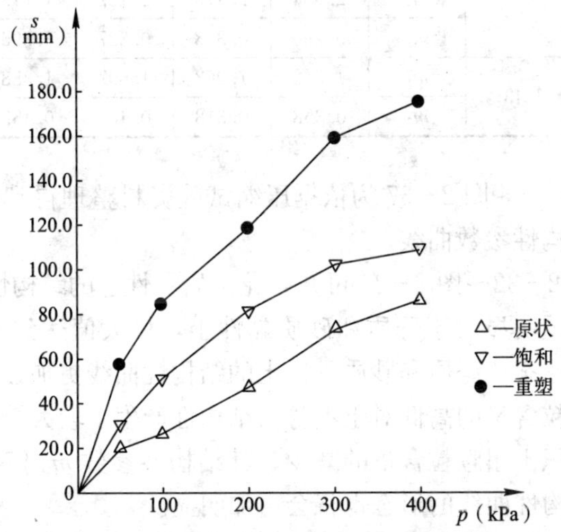

图 2-31 ρ_d=1.35g/cm^3 和 w=43%时花岗岩黏性土原状、饱和、重塑状态下的压缩曲线

由图 2-27～图 2-31 可知，随着含水量的增大，原状、饱和、重塑花岗岩黏性土的变形随压力的增大显著增大，其变形特性与砾质及砂质黏性土相同，这同样说明含水量的增大对花岗岩

黏性土的结构性破坏显著。表 2-11 为当干密度 $\rho_d=1.35g/cm^3$ 时，5 种不同含水量下的 m_1 和 m_2 的值。

当 $\rho_d=1.35g/cm^3$ 时花岗岩黏性土在 5 种含水量下的 m_1 和 m_2 的值　　表 2-11

干密度	含水量(%)	m_1、m_2	p(kPa)				
			50	100	200	300	400
$\rho_d=1.35g/cm^3$	10	m_1	4.348	3.601	2.979	3.368	2.821
		m_2	0.153	0.188	0.210	0.209	0.245
	20	m_1	3.514	3.065	2.901	2.472	2.332
		m_2	0.164	0.188	0.226	0.220	0.219
	24	m_1	3.818	3.097	2.605	1.984	1.883
		m_2	0.164	0.195	0.239	0.310	0.326
	33	m_1	2.804	2.473	2.182	1.773	2.052
		m_2	0.268	0.308	0.327	0.396	0.342
	43	m_1	1.542	1.963	1.697	1.388	1.291
		m_2	0.358	0.318	0.401	0.459	0.489

图 2-32～图 2-37 为依据压缩试验资料整理得到的花岗岩黏性土结构性参数曲线。

由图 2-32～图 2-34 可知，花岗岩黏性土的结构性参数 m_p 的变化范围明显大于砾质和砂质黏性土，最大值达到 30，其参数曲线的形态比砾质和砂质黏性土的结构性曲线更加显著，这均证实粗颗粒含量的高低对土本身的结构性产生了较大影响。随着花岗岩残积土粗颗粒含量的减少，其结构性参数 m_p 值将会逐渐增大，结构性曲线的形态也将会更加明显。

图 2-32～图 2-34 为含水量对花岗岩黏性土结构性的影响。图中分别为在干密度 $\rho_d=1.35g/cm^3$、$\rho_d=1.46g/cm^3$、$\rho_d=1.54g/cm^3$ 时不同含水量下的花岗岩黏性土结构性参数曲线。由图可知，随着含水量的增加，结构性参数值降低明显，并且曲线趋于平缓。说明含水量的变化对花岗岩黏性土的影响较大，随着含水量的增加，土体本身的胶结联结遭到破坏，其结构性逐渐减

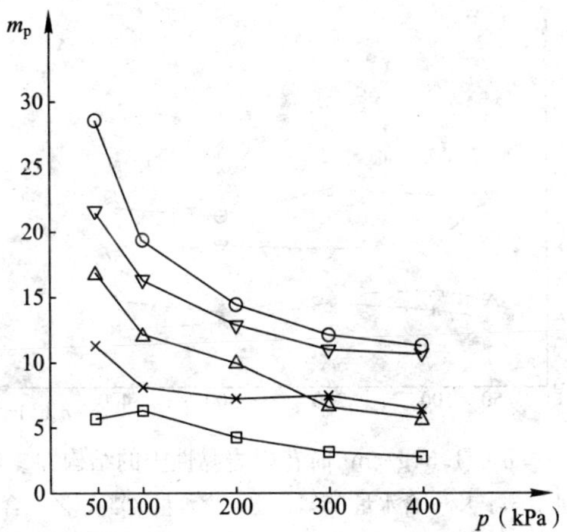

图 2-32 ρ_d＝1.35g/cm³ 时花岗岩黏性土的结构性参数曲线

○—含水量 10％；▽—含水量 20％；△—含水量 24％；
×—含水量 33％；□—含水量 43％

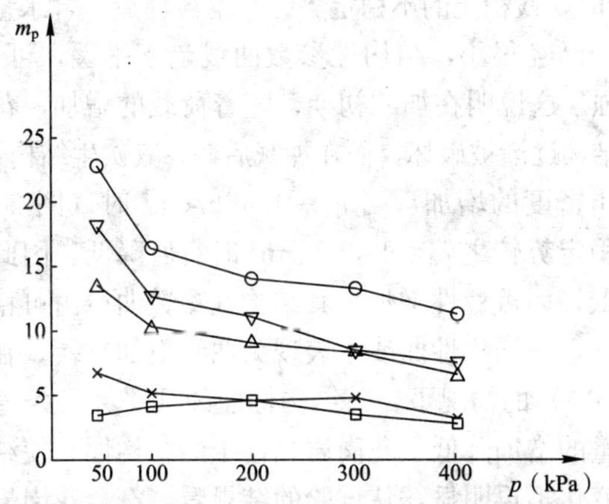

图 2-33 ρ_d＝1.46g/cm³ 时花岗岩黏性土的结构性参数曲线

○—含水量 10％；▽—含水量 15％；△—含水量 20％；
×—含水量 24％；□—含水量 33％

弱，甚至是完全丧失。

由图 2-32 可知，当干密度较低（ρ_d＝1.35g/cm³）时，结构性参数曲线下降较快，特别是当含水量较小（10％）、且压力

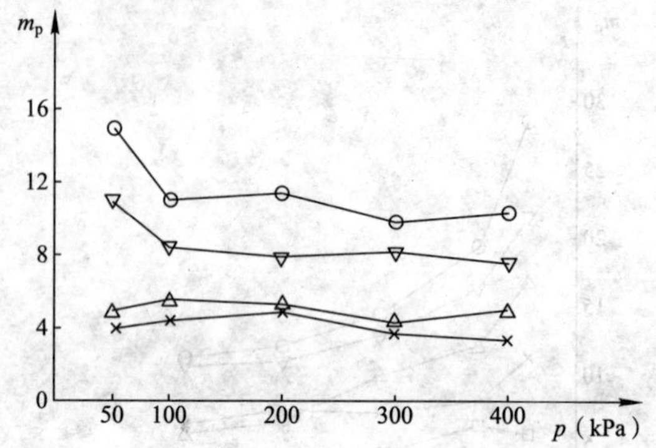

图 2-34　ρ_d=1.54g/cm³ 时花岗岩黏性土的结构性参数曲线

○—含水量 10%；▽—含水量 15%；△—含水量 20%；×—含水量 24%

较低（200kPa）时，这种变化更加明显，其结构性表现为可变性较大而可稳性较低，曲线的下降主要由不稳定势控制。压力大于 200kPa 时，残积土的不稳定势已基本被释放，含水量和外力对土体的影响已经很小，结构性参数曲线趋于平缓，可变性降低，可稳性增强。这说明在加载初期，随着荷载的增加，花岗岩黏性土的原生结构逐渐被破坏，而在加载后期，其次生结构逐渐形成。

随着干密度的增加，当 ρ_d=1.46g/cm³ 时（图 2-33），其结构的不稳定势较之 ρ_d=1.35g/cm³ 时有所降低，因此，结构的可变性降低，而可稳性增加，其结构性参数曲线由可稳性和可变性同时控制，在结构性曲线上表现为曲线更加平缓。在含水量较高（w=33%）的情况下，其结构性曲线几乎为一条直线，这说明因含水量的增加降低了花岗岩黏性土的结构性，使结构性随外力的增加变化不再明显，从试验的结果看，符合花岗岩残积土的结构特征。当干密度 ρ_d=1.54g/cm³ 时，如图 2-34 所示，花岗岩黏性土的可稳性较大，而可变性较低，说明此时结构的不稳定势已经很低。同时，含水量与干密度之间的耦合作用也影响到结构性曲线的形态，因为干密度已经很大，进一步限制了花岗岩黏性土的变形空间，致使结构的可变性降低。随着含水量的增加，当达到其饱和含水量时，基本上已无变形空间，可变性几乎为零，结构性曲线已近似直线（w＝20%及 w＝24%）。表 2－12 为不同干密度及含水量的原状花岗岩黏性土结构性参数 m_p 的峰值。

花岗岩黏性土不同情况下结构性参数 m_p 的峰值统计表　表 2－12

土类	干密度 (g/cm³)	状态描述	含水量（%）					
			10	15	20	24	33	43
黏性土	1.35	原状	28.472		21.539	16.710	11.275	6.184
	1.46	原状	22.840	18.326	14.006	6.567	4.666	
	1.54	原状	14.923	11.060	6.396	4.918		
备注	干密度为 1.35g/cm³、1.46g/cm³、1.54g/cm³ 时对应的饱和含水量分别为：43%、33%、24%							

由图 2－35～图 2－37 可知，同砾质及砂质黏性土相似，压力的变化也影响花岗岩黏性土的结构性。一般情况下，压力的增大引起土体的压密同样会使花岗岩黏性土结构的可变性减小而使结构可稳性增强。一般由于可变性减小较快而可稳性增加较慢，即这种影响的不同步性，使得压力增大时花岗岩黏性土的结构性总体变弱。这种特性对不同花岗岩残积土具有共性。

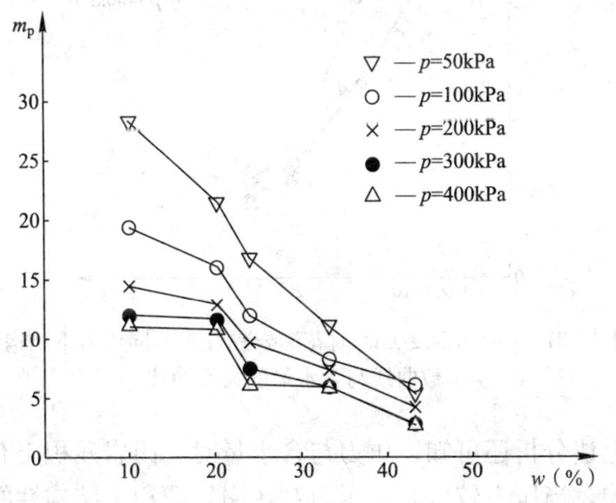

图 2－35　ρ_d＝1.35g/cm³ 时花岗岩黏性土不同压力下结构性参数曲线与含水量的关系曲线

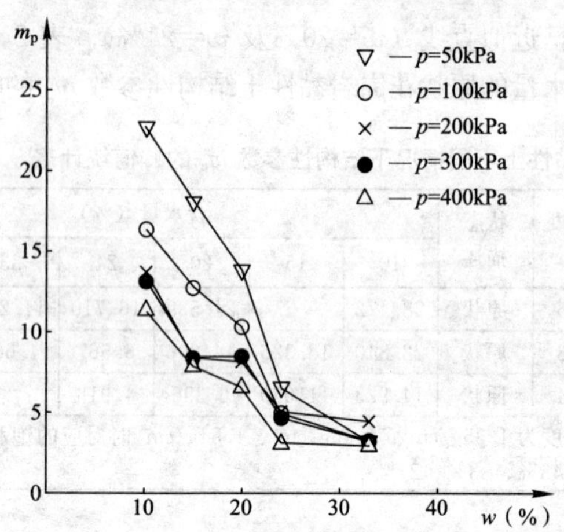

图 2-36　ρ_d＝1.46g/cm³ 时花岗岩黏性土不同压力下结构性参数曲线与含水量的关系曲线

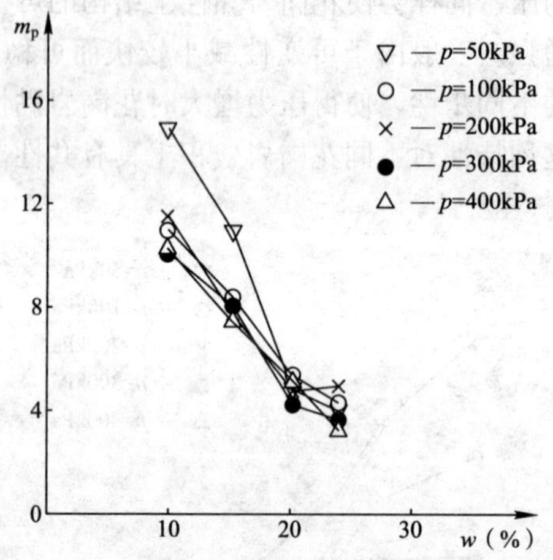

图 2-37　ρ_d＝1.54g/cm³ 时花岗岩黏性土不同压力下结构性参数曲线与含水量的关系曲线

由上述分析还可知，压力与含水量对花岗岩残积土有一种耦合的影响，当压力较低时，压力对花岗岩残积土结构性的破坏性较小，此时含水量变化对花岗岩残积土的影响明显；随着压力的逐渐增大，压力对花岗岩残积土结构性的破坏逐渐加强，相应的含水量变化对花岗岩残积土结构性的影响逐渐减弱。

2.6 结果分析

由以上分析可知，花岗岩残积土结构性的大小实际上是诸多影响因素相互作用的综合反映。影响花岗岩残积土结构性的主要因素有粗颗粒含量、含水量 w、干密度 ρ_d 及压力 p 等。通过上述分析，得出如下结论：

（1）花岗岩残积土粗粒含量较多，黏粒较少，含有较多游离氧化物，胶结联结强度大，亲水性较弱，是一种压缩性中等偏低、强度较高、无膨胀性的特殊土。它既具有黏性土的一般特性，又具有砂土的某些性质。其结构性与一般黏性土有较大差别。

（2）花岗岩残积土的结构性强弱与其粗颗粒含量有关。作为砾质黏性土，粗颗粒含量较大，因此其结构性参数 m_p 的数值较小（<6），且曲线形态不如砂质黏性土及花岗岩黏性土显著。而砂质黏性土，特别是花岗岩黏性土，粗颗粒含量较低，因此其结构性参数 m_p 的数值较之砾质黏性土有明显的增加，最大值达到30以上，且曲线形态也比砾质黏性土更加显著。

（3）花岗岩残积土的结构性强弱与含水量有关。当含水量较小时，结构性参数曲线形态较完整，结构可变性和可稳性有着明显过渡，体现了由于压力的不断增加，原生结构先被破坏，结构的不稳定势得到充分释放，而后次生结构随之形成的过程；当含水量增加时，结构性参数曲线主要表现为可稳性，甚至是一条近乎水平的直线，这说明由于含水量的增大，花岗岩残积土特有的胶结联结结构已被破坏，花岗岩残积土的结构性不再随压力的增加有显著变化。

（4）花岗岩残积土的结构性与干密度有关。当干密度较小时，结构性参数曲线随含水量和压力的变化显著，可变性与可稳性结合良好。当干密度增加时，由于孔隙比减少，使残积土失去了变形的空间，含水量和压力的增加已不能使花岗岩残积土的可变性进一步增加，结构性参数曲线主要表现为可稳性。在较高干密度下低含水量的残积土结构性曲线的可变性较强，主要是由于低含水量下残积土的胶结作用较强的原因。

(5) 花岗岩残积土的结构性与外部压力有关。压力的变化影响花岗岩残积土的结构性。一般情况下，压力的增大引起土体的压密同样会使花岗岩残积土结构的可变性减小，并使结构的可稳性增强。通常由于可变性减小较快而可稳性增加较慢，即这种影响的不同步性，使得压力增大时花岗岩残积土的结构性总体变弱。而且，压力与含水量对花岗岩残积土有一种耦合的影响，当压力较低时，压力对花岗岩残积土结构性的破坏较小，此时含水量变化对花岗岩残积土的影响明显；随着压力的逐渐增大，压力对花岗岩残积土结构性的破坏逐渐加强，相应的含水量变化对花岗岩残积土结构性的影响逐渐减弱。

(6) 通过本章对花岗岩残积土结构性的分析可知，扰动（对干密度的改变）及含水量的变化对花岗岩残积土结构性有较大的影响，过大的扰动及含水量的改变会严重影响花岗岩残积土的结构性，使残积土的物理力学指标失真，若将这些物理力学指标用于实际工程中，将会严重影响工程的安全或造成严重的经济浪费。例如对于花岗岩残积土沉降计算参数的选取，如使用室内压缩试验所得的压缩模量，则会由于在取样时对土样的扰动，造成其干密度及含水量的变化，使其试验结果失真，致使最后的沉降计算结果与实测结果大相径庭，带来严重的经济浪费或工程隐患，因此，在花岗岩残积土的沉降计算中，不应使用压缩模量作为计算参数，而应使用现场原位试验得到的变形模量作为计算参数。

第3章　花岗岩残积土变形模量的取值与实用沉降计算方法研究

3.1　概述

《建筑地基基础设计规范》GB 50007—2002 已将变形控制作为地基基础设计与计算的重要标准。其中第 1.0.1 条的条文说明指出，“从已有的大量地基事故分析，绝大多数事故皆由地基变形过大且不均匀所造成，故在规范中明确规定了按变形设计的原则、方法”。文献［54］进一步强调：“2002 年版《地基基础设计规范》，提出了按变形控制设计的原则”（第 4 页），“地基基础设计按变形控制的总原则已成为工程界认可的正确的地基基础设计原则”（第 7 页）。文献［55］再次肯定了“变形控制设计是正确的地基基础的设计原则”（第 292 页），并认为“2002 年版《强制性条文》突出了地基变形控制的设计原则，以满足建筑物使用功能的要求”（第 281 页）。同时要求“设计人员应当从承载力设计转到变形控制上来”（第 292 页）。

在花岗岩残积土地基中，由于其特殊的物理力学性质及工程特性，地基沉降计算要比一般黏性土或砂土地基复杂很多，一直以来都是工程界重点关注的问题之一。由于《建筑地基基础设计规范》GB 50007—2002 明确规定了地基基础设计按变形控制的设计原则，因此花岗岩残积土地基沉降计算的准确与否将对整个地基基础的设计与计算产生重要的影响。

花岗岩残积土地基的沉降计算方法与一般地基相同，采用分层总和法。分层总和法即为在地基土压缩层范围内将土划分为若干薄层，计算各层土的压缩量，然后求其和。

《建筑地基基础设计规范》GB 50007—2002 中，地基最终变形量按下式计算

$$s=\psi_s s'=\psi_s\sum_{i=1}^{n}\frac{p_0}{E_{si}}(z_i\bar{\alpha}_i-z_{i-1}\bar{\alpha}_{i-1}) \tag{3-1}$$

$$\bar{E}_s=\frac{\sum A_i}{\sum\frac{A_i}{E_{si}}} \tag{3-2}$$

$$A_i=z_i\bar{\alpha}_i-z_{i-1}\bar{\alpha}_{i-1} \tag{3-3}$$

式中　s——地基最终变形量（mm）；

s'——按分层总和法计算的地基变形量（mm）；

ψ_s——沉降计算经验系数，根据沉降观测资料及经验确定，也可按表 3-1 采用；

n——地基变形计算深度范围内的土层数；

p_0——对应于荷载效应准永久组合标准值时的基础底面处的附加应力（kPa），$p_0=p_k-p_c$；

E_{si}——基础底面下第 i 层土的压缩模量，应在土的自重压力至土的自重压力与附加压力之和的压力范围内取值（MPa）；

z_i、z_{i-1}——地基底面至第 i 层、第 $i-1$ 层土底面的距离；

$\bar{\alpha}_i$、$\bar{\alpha}_{i-1}$——基础底面计算点至第 i 层土、第 $i-1$ 层土底面范围内平均附加应力系数，可按《建筑地基基础设计规范》GB 50007—2002 附录 K 确定；

$\bar{E}_s$——变形计算深度范围内压缩模量的当量值；

A_i——第 i 层土平均附加应力系数沿土层厚度的积分值。

沉降计算经验系数 ψ_s　　**表 3-1**

$\bar{E}_s$(MPa) / 基底附加应力	2.5	4.0	7.0	15.0	20.0
$p_0\geqslant f_{ak}$	1.4	1.3	1.0	0.4	0.2
$p_0\leqslant 0.75f_{ak}$	1.1	1.1	0.7	0.4	0.2

因为花岗岩残积土室内物理力学性质较差，沉降计算参数如选压缩模量，则沉降计算结果一般偏低，因此式（3-1）只适用于一般土质，对于花岗岩残积土地基沉降计算并不适用。

在花岗岩残积土的地基沉降计算中，计算参数一般选取变形模量，因为变形模量由现场原位载荷板试验得到，土体扰动较小，更能真实反映土体特性，使沉降计算误差大大降低，与实测沉降值更接近。

福建省工程建设地方标准《建筑地基基础技术规范》DBJ 13—07—2006 规定了花岗岩残积土地基沉降的计算方法，依然采用《建筑地基基础设计规范》GB 50007—2002 的地基沉降计算方法，即式（3-1），不同在于选取计算参数时，用现场载荷板试验得到的变形模量代替了室内压缩试验得到的压缩模量，计算结果与实测沉降值更接近，计算误差减小。

广东省地方标准《建筑地基基础设计规范》DBJ 15—31 —2003 采用式（3-4）计算花岗岩残积土地基最终沉降量

$$s=\alpha\frac{p_0b}{E_0} \tag{3-4}$$

式中 s——地基最终沉降量（mm）；

E_0——花岗岩残积土的变形模量（MPa），按式（1-3）计算；

p_0——相应于荷载效应准永久组合标准值的基底附加应力（MPa）；

b——基础宽度（mm）；

α——经验系数，按当地经验取值。缺乏经验时，可按表 3-2 取值。

沉降计算经验系数 α **表 3-2**

独立基础	方形	0.5～0.8
	矩形	0.7～1.2
条形基础		1.0～1.5
片筏基础		0.3～0.5

刘家明等根据高层建筑地基基础的特点及花岗岩残积土的工程特性，建议采用以弹性理论为依据，考虑地基中三向应力的作用及有效压缩深度、基础刚度、形状与尺寸等因素的计算方法。对于矩形刚性基础及圆形刚性基础沉降变形可按下式计算

$$s = pbM\sum_{i=1}^{n}\frac{K_i - K_{i-1}}{E_{0i}} \tag{3-5}$$

式中 p——建筑物的总荷重（kPa）；

b——矩形基础宽度或圆形基础直径（cm）；

K_i——与 a/b、z/b 有关的无因次系数，可查表得到；

E_{0i}——基础底面下第 i 层土的变形模量（MPa），按式(1-3)计算；

n——在地基压缩层深度范围内所划分的土层数；

M——修正系数，可查表 3-3；

a——矩形基础的长度；

z——基础底面至该层土底面的距离。

修正系数 *M* **表 3-3**

$m=2H/b$	$0<m\leqslant0.5$	$0.5<m\leqslant1$	$1<m\leqslant2$	$2<m\leqslant3$	$3<m\leqslant5$
M	1.00	0.95	0.90	0.80	0.75

式（3-5）所示的花岗岩残积土地基沉降计算方法已经被写入《深圳地区建筑地基基础设计试行规程》SJG 1—88，作为深圳地区乃至整个广东地区花岗岩残积土沉降变形计算的方法。

上述花岗岩残积土所采用的三种地基沉降计算方法，福建规范规定的与深圳规程规定的计算方法，计算结果与实测沉降值相比，误差基本在允许范围之内。而广东规范规定的计算方法，计算结果的误差偏大，这是因为广东地方规范的地基沉降计算方法并非分层总和法，而仅仅假设地基土为单一层，即便为多层地基，也会将各层地基的变形模量加权平均后按单一层计算，因此误差偏大，在花岗岩残积土的地基沉降计算中，一般不采用该方法。在广东地区一般采用深圳规程规定的地基沉降计算方法，即

式（3-5）。

通过上述介绍可知，花岗岩残积土地区的地基沉降计算一般都采用分层总和法，而决定地基沉降计算准确与否，至关重要的因素是花岗岩残积土变形模量的取值方法问题。

如第 2 章所述，因为花岗岩残积土的结构性较强，取样、搬运等外部作用对花岗岩残积土的工程特性会造成较大影响，致使由室内土工试验所得的残积土样的物理力学指标与原状土差异较大，所以，花岗岩残积土的地基变形一般以现场原位试验得到的变形模量作为计算参数。

在确定花岗岩残积土变形模量取值的问题上，一般采取两种途径——通过经验方法建立 E_0 与标准贯入击数 N 之间的关系和直接通过载荷板试验获得变形模量 E_0。

赖琼华根据强风化岩、全风化岩及残积土上的载荷板试验及标准贯入试验所提供的数据，运用经验方法，建立变形模量的取值公式，并通过乘以不同的修正系数将变形模量的经验公式划分为适合于强风化岩、全风化岩及残积土的 3 种不同形式。花岗岩残积土中变形模量的经验公式如式（1-3）所示，也被广东规范及深圳规程所采用。但这种方法并没有考虑花岗岩残积土土体类别对变形模量的影响，三种残积土类型仅采用一个公式计算变形模量，计算误差较大。

杨光华利用地基承载力反算花岗岩残积土的变形模量，不失为求取变形模量的一种方法。他根据标准贯入试验或其他方法确定的经验地基承载力，提出通过地基强度公式和弹性力学沉降计算公式，反算变形参数的方法。可以得出最终的反算结果

$$E_0=\frac{b\cdot f_k\cdot(1-\mu^2)}{s_k}\cdot\omega \tag{3-6}$$

式中　b——基础宽度，当 $b>6$m 时，取 $b=6$m；当 $b<3$m 时，取 $b=3$m；

f_k——地基承载力标准值；

μ——泊松比；

s_k——对应地基承载力标准值的基础沉降值；

ω——形状系数，一般取为 0.88。

式（3-6）的关键在于选定 s_k 值。对于花岗岩残积土，主要通过标贯击数确定 s_k 值

$$N\geqslant 40,\ s_k=1\text{cm}$$
$$20\leqslant N<40,\ s_k=1.5\text{cm}$$
$$10\leqslant N<20,\ s_k=2.0\text{cm}$$
$$N<10,\ s_k=2.5\text{cm}$$

例如对花岗岩残积土中的砂质黏性土，当 $N=15$ 时，取 $s_k=2\text{cm}$，则由式（3-6）可得

$$E_0=\frac{300\times 0.25\times(1-0.3^2)}{2}\times 0.88=30\text{MPa}$$

《建筑地基基础设计规范》GB 50007—2002 及广东省标准《建筑地基基础设计规范》DBJ 15—31—2003 均给出了直接通过现场载荷板试验计算地基土变形模量的方法

$$E_0=\omega(1-\mu^2)\frac{pb}{s} \tag{3-7}$$

式中　E_0——地基土变形模量（kN/m^2）；

ω——刚性承压板形状换算系数，圆形承压板取 0.79，方形承压板取 0.88；

μ——土的泊松比；

b——承压板的边长或直径（m）；

p——地基承载力特征值所对应的荷载（kN/m^2）；

s——与承载力特征值对应的沉降（m）。

但如果直接通过式（3-7）计算土的变形模量，会受承压板大小的限制，由于尺寸效应的影响，只能计算承压板下一定深度范围内的变形模量。因此有人提出利用载荷板试验的变形曲线，考虑到土的非线性，来推求不同深度处花岗岩残积土的变形模量。

杨光华根据残积土地基的载荷板试验曲线，建立地基土的切

线模量与应力水平关系的切线模量方程，对地基不同点根据其应力水平由切线模量方程确定计算点地基土的切线模量，该切线模量即为土体的变形模量，利用该切线模量对地基沉降进行分层总和法计算。其特点是切线模量是由原位载荷板试验得到的，能反映原状地基土的特性，同时考虑了应力水平的影响，反映了土的非线性特点。

随着计算机技术的发展与普及，也有人提出利用数值分析方法——有限元法或神经网络法计算地基的沉降（如文献［25］～文献［32］及文献［63］～文献［66］），但上述方法一方面由于计算繁琐，另一方面由于所涉及参数过多，且大部分参数都由室内试验求得，故不适合花岗岩残积土地基沉降计算。

以上介绍了目前国内花岗岩残积土沉降计算的方法及几种残积土变形模量的取值方法。花岗岩残积土变形模量的取值方法的合理性不仅影响到地基沉降计算问题，还会影响到基坑支护结构水平侧向变形的计算、桩土共同作用的分析及固结沉降与时间的关系特性等诸多问题。

目前，在花岗岩残积土地区，计算基坑支护结构水平侧向变形通常采用“m”法，m 值一般通过查表或室内试验得到。但是，在相关规范中并没有给出花岗岩残积土的 m 值表。对花岗岩残积土的取值只能按一般黏性土或砂土查找，而对于花岗岩残积土而言，室内试验所得参数极不准确。所以，在利用“m”法计算花岗岩残积土基坑支护结构水平侧向变形时，计算结果很难与实际情况相符。为此，杨光华等提出了增量法计算基坑支护结构，即通过土的变形模量计算支护结构的内力与水平侧向变形。因此，花岗岩残积土变形模量取值的准确性与合理性也将直接影响残积土基坑支护结构水平侧向变形的计算结果。

花岗岩残积土变形模量的研究与花岗岩残积土地区桩土共同作用也密切相关。近年来，桩基设计理论有了很大革新，这些理论主要是以总体沉降为主要控制因素，在此基础之上进一步发展出以少量桩来协助天然地基以减少其沉降或弥补其承载力不足的减沉桩基础设计理论。减沉桩是指按控制基础沉降的原则设计的桩基础，即在设计时由基础的沉降控制值来确定桩数和桩长，在天然地基强度基本能满足设计荷载的要求时，以控制沉降变形为目的设计的桩基础。这时，对花岗岩残积土变形模量的研究，将会直接决定桩基础的沉降控制值，最终决定桩数与桩长。这正是花岗岩残积土复合桩基的设计理念。

花岗岩残积土地基固结沉降与时间的关系也与残积土变形模量有一定的相关性。根据本书研究，花岗岩残积土地基固结沉降稳定的时间（通常在建筑物建成后 300 天内）比一般黏性土（在建筑物建成后 1～2 年内）要快得多，这是因为花岗岩残积土的特性与一般黏性土有很大差别，主要表现在其粗颗粒含量明显大于一般黏性土，而这种差别也可通过土的变形模量来反映。

回填花岗岩残积土的地基处理是花岗岩残积土地区较为重要的工程问题之一。回填的花岗岩残积土经常是平整场地时挖山填沟的产物，经过了搬运、取样、制备等扰动作用，花岗岩残积土大部分的工程特性都已丧失。因此回填地基的承载力一般都不能满足设计要求。如何经济、合理、快速地加固处理这类回填花岗岩残积土地基，对于东南沿海地区工程具有现实意义。

综上所述，花岗岩残积土变形模量取值的确定关系到实际工程技术问题的解决，是具体工程管理设计方案的科学依据。因此，花岗岩残积土变形模量取值方法的研究，对花岗岩残积土地区地基工程的合理性、安全性和稳定性具有现实的工程意义和经济价值。

3.2　花岗岩残积土变形模量取值分析

1. 花岗岩残积土沉降计算参数选取分析

对于一般土体而言，由于土体的搬运等外部作用对土体本身影响较小，因此室内土工试验所得的压缩模量与现场原位载荷板试验所得的变形模量相差不大，在地基沉降变形计算时，使用压缩模量或变形模量作为计算参数所得的地基沉降值相差在允许范围内。表 3－4 给出了一般黏性土室内土工试验与现场原位载荷板试验不同深度情况下地基土压缩模量与变形模量的取值。从表 3－4 中可知，一般黏性土室内土工试验所得压缩模量值与现场原位载荷板试验所得的变形模量值差异在可控范围内。

不同深度情况下黏土地基压缩模量与变形模量值的比较　　表 3－4

种类	深度（m）	液性指数 I_L	孔隙比 e	压缩系数 a_{1-2}(MPa)	压缩模量 E_s(MPa)	变形模量 E_0(MPa)
黏土	2	0.550	1.024	0.820	2.468	0.959
	3	0.930	1.144	0.760	2.821	1.100
	4	0.950	1.187	0.657	3.329	1.298
	5	0.850	1.071	0.620	3.340	1.323
粉质黏土	2	0.890	0.927	0.500	3.854	2.043
	3	0.832	0.932	0.500	3.864	2.048
	4	0.745	0.923	0.472	4.074	2.159
	5	0.826	0.956	0.460	4.252	2.254
粉土	2	0.976	0.873	0.370	4.965	3.078
	3	1.080	0.800	0.342	5.263	3.263
	4	1.330	0.802	0.340	5.300	3.286
	5	1.140	0.836	0.290	6.331	3.925

《岩土工程勘察规范》GB 50021—2001 及《工程地质手册》（以下简称《手册》）将花岗岩残积土定为特殊土。如第 1 章及第 2 章所述，由于其特殊的物理力学特性，花岗岩残积土具有不均匀性、各向异性、扰动性、软化性及崩解性等性质，特别是风化程度较充分的广东、福建等地区的花岗岩残积土，这些性质表现得更加突出。

因此，室内压缩试验会因为土样的取样、搬运、制备等外部作用，使试样土与原状土的工程特性相差较大，造成土的压缩模量取值失真。而《建筑地基基础设计规范》GB 50007—2002 和目前工程界主要是以压缩模量作为变形计算参数或根据《手册》

查表。由于花岗岩残积土的压缩模量不能反映土体的真实性质，而《手册》的表格分散，虽同为残积土，但不同类型土质差异较大，设计人员难以掌握，这些均导致花岗岩残积土地基的沉降计算值与实测沉降值相差较大，造成经济浪费或工程隐患。例如，广州市某工程，基础底面约在地面以下 12m 深处，建筑物地面以上 12 层，地下室 2 层，基底土层为花岗岩粉质黏土层 Q^{el}，标准贯入击数 N=11～20 击，其典型的工程地质剖面图如图 3－1 所示。通过室内试验得到的压缩模量仅为 E_{s1-2}＝4. 3MPa，使用该值作为计算参数得到的地基沉降值为 774. 4mm，而实测的平均沉降值只有 40mm，计算值与实测值相差将近 20 倍，如果用此室内试验值作为地基基础的设计标准，将会造成严重的经济浪费。

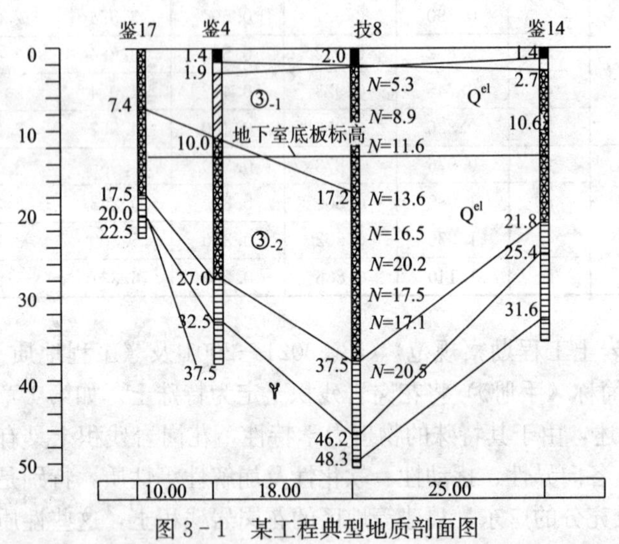

图 3－1　某工程典型地质剖面图

与室内试验得到的压缩模量相比，通过原位载荷板试验得到的变形模量作为花岗岩残积土沉降计算参数将更加合理。这是因为土样取自现场试验，所受的外部作用对土样的扰动较小，更能反映土体的特性。一般情况下，花岗岩残积土变形模量 E_0＝

$(6\sim10)E_{s1-2}$。也有人通过变形模量与压缩模量之间常规的转换公式推求花岗岩残积土的变形模量，这对于花岗岩残积土而言，是不合理的。理论上，变形模量与压缩模量之间的转换公式如下所示

$$E_0=\beta E_{s1-2}$$

式中　$\beta=1-\frac{2\mu^2}{1-\mu}$，$\mu$ 是泊松比。

由上式可知：$0\leqslant\beta\leqslant1$，得到 $E_0\leqslant E_s$，这与花岗岩残积土 $E_0=(6\sim10)E_s$ 的实际情况完全不符。

通过上面的分析研究可知，在花岗岩残积土地区计算地基沉降时，如果使用压缩模量作为沉降计算参数，因取土时的搬运、制备等影响，使压缩模量的结果失真，造成沉降计算结果不准确。因此，花岗岩残积土地区计算地基沉降，应使用现场原位载荷板试验得到的变形模量作为计算参数。

2. 现行花岗岩残积土变形模量取值方法的不足

目前，在花岗岩残积土变形模量的取值方面，广东地区等地方规范及《工程地质手册》一般采用 E_0 和标贯击数 N 的统计关系得到不同深度的 E_0 值。其统计关系如式（1－3）所示。

但较多工程实例的沉降计算结果已经证明，采用式（1－3）作为计算参数所得的沉降计算结果与实测沉降出入较大，而由此产生的差异沉降不仅可能影响到结构美观和使用功能，而且对于确定预留沉降的接口、底板厚度、配筋及混凝土标号等都将产生影响，甚至还会影响到设计方案的比选。如可采用天然地基的建筑采用了桩基或桩数过多，造成严重的经济浪费。

另外，式（1－3）并没有考虑残积土的土质差别。广东规范（DBJ 15—31—2003）规定，花岗岩残积土中，当大于 2mm 颗粒含量超过总质量 20%者为砾质黏性土，不超过 20%者为砂质黏性土，不含者为黏性土。不同土质的残积土，当标贯击数相同时，由式（1－3）得到的变形模量的计算值与载荷板试验所得的变形模量值有时会相差较大，如表 3－5 所示，表中第四列，式（1－3）算法与载荷板试验测得的变形模量的相对误差达到

了－65%，而具有同样标贯击数的第三例，式（1－3）的算法与载荷板试验测得的变形模量的相对误差只有 15.5%，若二者都采用式（1－3）计算变形模量，则计算沉降误差将会大大增加，造成严重的后果。

标贯击数相同时残积土的载荷试验变形模量值与式（1－3）的计算值间的误差　　表 3－5

工程名称	土质	标贯击数 (N)	变形模量 E_0(MPa)	$E_0=2.2N$ (MPa)	相对误差 (%)
广州石化总厂某工程	砾质黏性土	14	44.8	30.8	31.3
东莞某花园小区	黏性土	14	34.75	30.8	12.0
华南理工大学某宿舍	砂质黏性土	15	39.04	33.0	15.5
深圳市某工程	黏性土	15	20	33.0	－65.0

因此必须寻求一种适合于花岗岩残积土的变形模量取值方法，以反映花岗岩残积土 3 种土质——砾质黏性土、砂质黏性土及黏性土的土性差异，同时使以此为参数的沉降计算结果更接近实测沉降值。

3.3 实用花岗岩残积土变形模量的取值分析

广东省标准《建筑地基基础设计规范》DBJ 15—31—2003 规定，花岗岩残积土中，当大于 2mm 颗粒含量超过总质量 20% 者为砾质黏性土，不超过 20%者为砂质黏性土，不含者为黏性土。针对这 3 种不同的花岗岩残积土类型本章将建立计算变形模量的实用经验公式。

首先，通过花岗岩残积土载荷试验得出地基承载力特征值 f_{ak}，并由此计算出变形模量 E_0，再根据载荷试验点对应的标准贯入试验得到该残积土相应的标贯击数 N，然后用统计方法建立三者之间的联系，最后经过修正得出变形模量 E_0 与标贯击数 N 之间的经验关系。

1. 花岗岩残积土变形模量的推导

表3－6、表3－7及表3－8给出了26例实际工程在花岗岩砾质黏性土、砂质黏性土及黏性土天然地基上进行的80次载荷板试验及相应进行的标准贯入试验的工程数据、承载力特征值数据及其相应的变形模量数据，按砾质黏性土、砂质黏性土及黏性土3种类型分类。

砾质黏性土载荷试验相关资料统计表　　　表3－6

编号	工程名称	载荷板试验点数	土质特性	f_{ak}(kPa)（由载荷试验得）	实测标贯击数（N）	E_0(MPa)（由载荷试验计算）
1	广州石化总厂某工程	2	砾质黏性土	450	10～29	31、58
2	四会市某工程	4	砾质黏性土	210	5～16	8～37
3	深圳市某工程1	5	砾质黏性土	267	7～24	15～44
4	深圳华联某工程	3	砾质黏性土	150	4～13	10～32
5	深圳工贸中心1	6	砾质黏性土	336	8～35	20～35
6	电子工业部某工程	3	砾质黏性土	300	11～23	11～30
7	广州市港口某工程	3	砾质黏性土	463	16～32	18～43
8	中山市某厂房1	3	砾质黏性土	474	14～35	33～62
9	中山市某厂房2	3	砾质黏性土	510	16～40	36～71

砂质黏性土载荷试验相关资料统计表　　　表3－7

编号	工程名称	载荷板试验点数	土质特性	f_{ak}(kPa)（由载荷试验得）	实测标贯击数（N）	E_0(MPa)（由载荷试验计算）
1	中山市南区某厂房1	2	砂质黏性土	220	11～23	24、57
2	中山市南区某厂房2	2	砂质黏性土	190	6～16	11、28
3	中山市南区某厂房3	3	砂质黏性土	200	6～24	12～33
4	中山市南区某厂房4	3	砂质黏性土	130	3～12	8～24
5	中山市某厂房3	3	砂质黏性土	240	7～27	10～38
6	东莞市东泰花园小区1	1	砂质黏性土	420	7～33	48
7	华南理工大学某宿舍	3	砂质黏性土	366	9～26	13～47
8	广州市审计局某工程	2	砂质黏性土	288	4～26	18、53
9	深圳工贸中心2	4	砂质黏性土	273	6～33	26～54

黏性土载荷试验相关资料统计表　　　　表 3-8

编号	工程名称	载荷板试验点数	土质特性	f_{ak}(kPa)(由载荷试验得)	实测标贯击数(*N*)	E_0(MPa)(由载荷试验计算)
1	深圳市某宿舍	6	黏性土	124	4～15	8～25
2	深圳市某厂房	1	黏性土	258	5～18	38
3	广州军区某宿舍	2	黏性土	180	6～14	9、26
4	深圳市某工程 2	3	黏性土	210	10～21	13～32
5	东莞东泰花园小区 2	1	黏性土	240	8～25	23
6	广州市某仓库	6	黏性土	270	11～23	24～42
7	广州市科学城某工程	3	黏性土	220	6～15	15～35
8	广州地区某工程	3	黏性土	350	11～20	23～48

首先，根据表 3-6 中给出的花岗岩砾质黏性土地基承载力特征值 f_{ak} 与相应的变形模量 E_0 建立两者之间的统计关系，其散点图如图 3-2 所示。

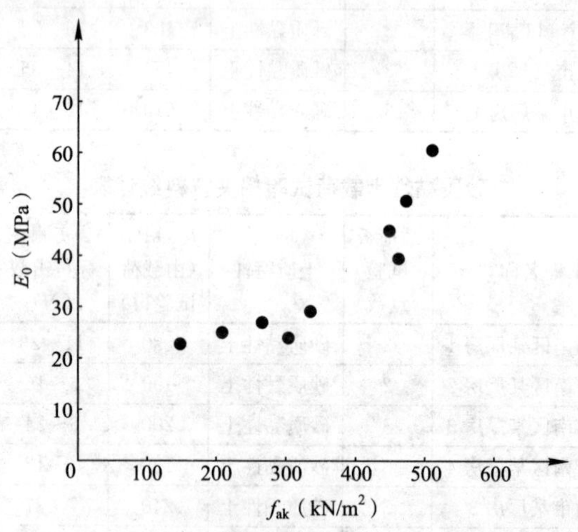

图 3-2　砾质黏性土 E_0 - f_{ak} 的散点图

通过对图 3-2 的观察，其散点更趋向于幂指数分布，其回归曲线表达式为

$$E_0=ae^{bf_{ak}} \tag{3-8}$$

式中 E_0——残积土的变形模量（MPa）；

f_{ak}——残积土的地基承载力特征值（kPa）。

根据数理统计可知，将上式进行直线化的转换，然后对未知参数进行参数估计、假设检验等运算，得出未知参数值，再将其转化为式（3-8）所示的指数形式。

根据数理统计的回归分析，令

$$E_{01}=\text{In}E_0,\ A=\text{In}a$$

然后对上式两边取对数，可得

$$E_{01}=A+b\cdot f_{ak} \tag{3-9}$$

将表3-6中的相关数值代入式（3-9），经整理后可得表3-9。

经整理后的砾质黏性土的相关数据　　表3-9

f_{ak}	E_{01}	N	f_{ak}^2	E_{01}^2	N^2	$f_{ak}\cdot E_{01}$	$f_{ak}\cdot N$
450	3.80	15	202500	14.44	225	1710.00	6750
210	3.15	7	44100	9.92	49	661.50	1470
267	3.32	11	71289	11.02	121	886.44	2937
150	3.16	4	22500	9.99	16	474.00	600
336	3.37	17	112896	11.36	289	1132.32	5712
300	3.14	15	90000	9.86	225	942.00	4500
463	3.70	19	214369	13.69	261	1713.10	8797
474	3.97	17	224676	15.76	289	1881.78	8058
510	4.05	22	260100	16.40	484	2065.50	11220
Σ 3160	31.66	127	1242430	112.44	2059	11466.64	50044

假设对于 f_{ak}（在某个区间内）的每一个值有

$$E_{01}\sim N(A+b\cdot f_{ak},\ \sigma^2)$$

其中 A，b 及 σ^2 都是不依赖于 f_{ak} 的未知参数。对 E_{01} 做这样的正态假设，相当于

$$E_{01}=A+b\cdot f_{ak}+\varepsilon,\ \varepsilon\sim N(0,\sigma^2) \tag{3-10}$$

式（3-10）称为一元线性回归模型。

(1) A，b 的估计　取 f_{ak} 的 9 个值（如表 3－9 所示）f_{ak1}，f_{ak2}，…，f_{ak9} 作独立试验，得到样本（E_{011}，f_{ak1}），（E_{012}，f_{ak2}），…，（E_{019}，f_{ak9}）。由式（3－10）可得：

$$E_{01i}=A+b\cdot f_{aki}+\varepsilon_i，\ \varepsilon_i\sim N(0,\ \sigma^2)，各\ \varepsilon_i\ 相互独立 \tag{3-11}$$

于是 $E_{01i}\sim N(A+b\cdot f_{aki},\ \sigma^2)$，$i=1$，2，…，9。且由 E_{011}，E_{012}，…，E_{019} 的独立性，知 E_{011}，E_{012}，…，E_{019} 的联合密度为

$$\begin{aligned} L &= \prod_{i=1}^{9}\frac{1}{\sigma\sqrt{2\pi}}\exp\left[-\frac{1}{2\sigma^2}(E_{01i}-A-bf_{aki})^2\right] \\ &= \left(\frac{1}{\sigma\sqrt{2\pi}}\right)^{n}\exp\left[-\frac{1}{2\sigma^2}(E_{01i}-A-bf_{aki})^2\right] \end{aligned} \tag{3-12}$$

现在用极大似然估计法来估计未知参数 A，b。对于任意一组观察值 E_{011}，E_{012}，…，E_{019}，式（3－12）就是样本的似然函数。显然，要 L 取最大值，只要式（3－12）右端方括弧中的平方和部分为最小，即只需函数

$$Q(A,\ b)=\sum_{i=1}^{9}(E_{01i}-A-bf_{aki})^2$$

取最小值。取 Q 关于 A，b 的偏导数，并令它们等于零

$$\frac{\partial Q}{\partial A}=-2\sum_{i=1}^{9}(E_{01i}-A-f_{aki})=0$$

$$\frac{\partial Q}{\partial b}=-2\sum_{i=1}^{9}(E_{01i}-A-f_{aki})\cdot f_{aki}=0$$

得方程组

$$\left.\begin{aligned} &9A+\left(\sum_{i=1}^{9}f_{aki}\right)\cdot b=\sum_{i=1}^{9}E_{01i} \\ &\left(\sum_{i=1}^{9}f_{aki}\right)\cdot A+\left(\sum_{i=1}^{9}f_{aki}^2\right)\cdot b=\sum_{i=1}^{9}f_{aki}\cdot E_{01i} \end{aligned}\right\} \tag{3-13}$$

式（3－13）称为正规方程组。

由于 f_{aki} 不全相同，正规方程组的系数行列式

$$\begin{vmatrix} 9 & \sum_{i=1}^{9} f_{aki} \\ \sum_{i=1}^{9} f_{aki} & \sum_{i=1}^{9} f_{aki}^{2} \end{vmatrix} = 9\sum_{i=1}^{9} f_{aki}^{2} - \left(\sum_{i=1}^{9} f_{aki}\right)^{2}$$

$$= 9\sum_{i=1}^{9} (f_{aki} - \bar{f}_{ak})^{2} \neq 0$$

故式（3－13）有唯一的一组解。解得 A，b 的极大似然估计为

$$\hat{b} = \frac{9\sum_{i=1}^{9} f_{aki} \cdot E_{01i} - \left(\sum_{i=1}^{9} f_{aki}\right) \cdot \left(\sum_{i=1}^{9} E_{01i}\right)}{9\sum_{i=1}^{9} f_{aki}^{2} - \left(\sum_{i=1}^{9} f_{aki}\right)^{2}}$$

$$= \frac{\sum_{i=1}^{9} (f_{aki} - \bar{f}_{ak})(E_{01i} - \bar{E}_{01})}{\sum_{i=1}^{9} (f_{aki} - \bar{f}_{ak})^{2}} = 0.0026$$

$$\hat{A} = \frac{1}{9}\sum_{i=1}^{9} E_{01i} - \frac{\hat{b}}{9}\sum_{i=1}^{9} f_{aki} = \bar{E}_{01} - \hat{b}\bar{f}_{ak} = 2.61$$

其中

$$\bar{f}_{ak} = \frac{1}{9}\sum_{i=1}^{9} f_{aki} = 351.111, \quad \bar{E}_{01} = \frac{1}{9}\sum_{i=1}^{9} E_{01i} = 3.518$$

于是，所求的线性回归方程为

$$E_{01} = 2.61 + 0.0026 f_{ak} \tag{3-14}$$

为了计算上的方便，我们也可引入下述记号

$$S_{xx} = \sum_{i=1}^{9} x_i^{2} - \frac{1}{9} \cdot \left(\sum_{i=1}^{9} x_i\right)^{2} = \sum_{i=1}^{9} f_{aki}^{2} - \frac{1}{9} \cdot \left(\sum_{i=1}^{9} f_{aki}\right)^{2}$$

$$S_{yy} = \sum_{i=1}^{9} y_i^{2} - \frac{1}{9} \cdot \left(\sum_{i=1}^{9} y_i\right)^{2} = \sum_{i=1}^{9} E_{01i}{}^{2} - \frac{1}{9} \cdot \left(\sum_{i=1}^{9} E_{01i}\right)^{2}$$

$$S_{xy} = \sum_{i=1}^{9} x_i y_i - \frac{1}{9} \cdot \left(\sum_{i=1}^{9} x_i\right)\left(\sum_{i=1}^{9} y_i\right)$$

$$= \sum_{i=1}^{9} E_{01i} f_{aki} - \frac{1}{9} \cdot \left(\sum_{i=1}^{9} E_{01i}\right)\left(\sum_{i=1}^{9} f_{aki}\right) \tag{3-15}$$

将表 3－9 中各相关数值代入到式（3－15）中，得 $S_{xx}=132945.889$，$S_{yy}=1.067$，$S_{xy}=350.462$。根据最小二乘法，b 与 A 的估计值为 $\hat{b}=\frac{S_{xy}}{S_{xx}}=0.0026$，$\hat{A}=\bar{y}-\hat{b}\bar{x}=\bar{E}_{01}-\hat{b}\bar{f}_{ak}=2.61$。从而也可得到式（3－14）。

（2）对 b 的假设检验　下面对式（3－14）进行假设检验，因为在上述讨论中将 E_{01} 与 f_{ak} 之间假设为线性分布，但二者间是否为线性，我们运用假设检验的方法进行判断。也就是说，求得的线性回归方程是否具有实用价值，需要经过假设检验才能确定。

若线性假设式（3－14）符合实际，则 b（此处的 b 即为 f_{ak}）不应为零，因为若 b 为零，则 E_{01} 就不依赖于 f_{ak} 了，因此我们需要进行如下的检验假设

$$H_0: b=0,\ H_1: b\neq 0$$

我们使用 t 检验法来进行检验，因此有

$$\hat{b}\sim N(b,\ \sigma^2/S_{xx}) \tag{3-16}$$

由数理统计知识可知

$$\frac{(n-2)\hat{\sigma}^2}{\sigma^2}=\frac{Q_e}{\sigma^2}\sim x^2(n-2) \tag{3-17}$$

其中 $Q_e=S_{yy}-\hat{b}\cdot S_{xy}=0.1558$，$\hat{\sigma}^2$ 是 σ^2 的无偏估计，

$$\hat{\sigma}^2=\frac{Q_e}{n-2}=0.0223$$

且 $\hat{b}$ 与 Q_e 独立，故有

$$\frac{\hat{b}-b}{\sqrt{\sigma^2/S_{xx}}}\Bigg/\sqrt{\frac{(n-2)\hat{\sigma}^2}{\sigma^2}\Big/(n-2)}\sim t(n-2)$$

即

$$\frac{\hat{b}-b}{\hat{\sigma}}\sqrt{S_{xx}}\sim t(n-2) \tag{3-18}$$

式中　$\hat{\sigma}=\sqrt{\hat{\sigma}^2}$。

当 H_0 为真时 $b=0$，此时

$$t=\frac{\hat{b}}{\hat{\sigma}}\cdot\sqrt{S_{xx}}\sim t(n-2)$$

且 $E(\hat{b})=b=0$，即得 H_0 的拒绝域为

$$|t|=\frac{|\hat{b}|}{\hat{\sigma}}\cdot\sqrt{S_{xx}}\geqslant t_{\alpha/2}(n-2) \tag{3-19}$$

这里，α 为显著性水平，取 $\alpha=0.05$，则 $t_{\alpha/2}(n-2)=t_{0.025}(7)=2.3646$。

将 $\hat{b}$，$\hat{\sigma}$，S_{xx}代入式（3-19），得 $|t|=6.729\geqslant t_{0.025}(7)$，所以我们拒绝假设 H_0：$b=0$，认为回归效果显著，说明式（3-14）所表现的线性关系具有实用价值。

再将 E_{01}及 A 变回原来的形式，就得到了最初的指数关系了，其分布的回归方程为

$$E_0=13.398e^{0.003f_{ak}} \tag{3-20}$$

如图 3-3 所示，其相关系数 $R=0.94$。

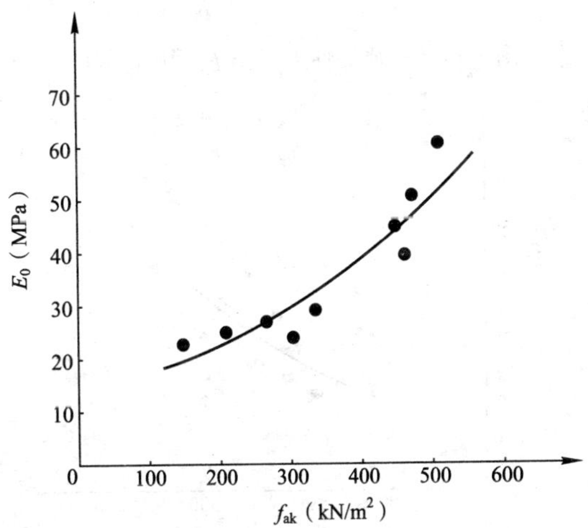

图 3-3 砾质黏性土 E_0 - f_{ak}回归曲线图

同理，我们可以建立花岗岩砂质黏性土及花岗岩黏性土地基承载力特征 f_{ak}与相应变形模量 E_0 之间的统计关系，其回归曲线

图如图3-4、图3-5所示。它们分布的回归方程如式(3-21)、式(3-22)所示。其相关系数分别为$R=0.88$,$R=0.90$。由此可见,花岗岩残积土变形模量E_0与地基承载力特征值f_{ak}有较好的相关性。

$$E_0=12.287e^{0.004f_{ak}} \tag{3-21}$$

$$E_0=12.167e^{0.004f_{ak}} \tag{3-22}$$

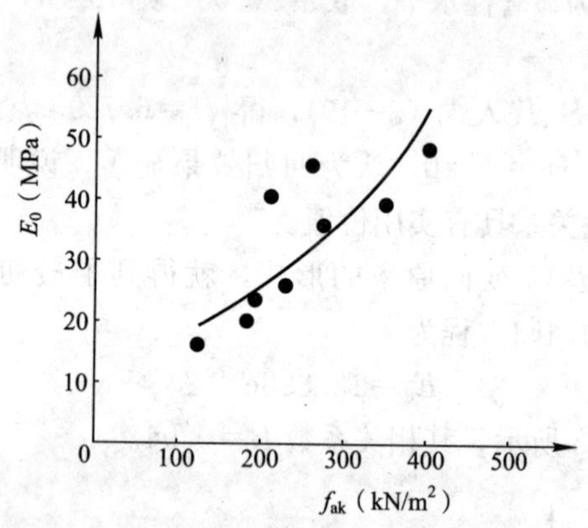

图3-4 砂质黏性土E_0-f_{ak}回归曲线图

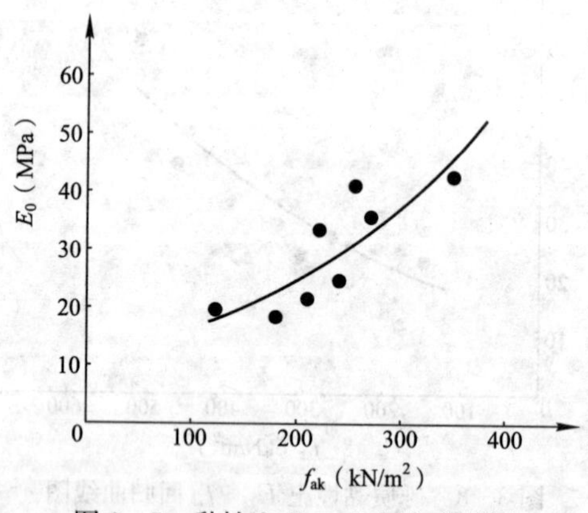

图3-5 黏性土E_0-f_{ak}回归曲线图

其次,建立花岗岩砾质黏性土的地基承载力特征值f_{ak}与标

准贯入击数 N 之间的经验关系，二者之间的散点图如图 3-6 所示。

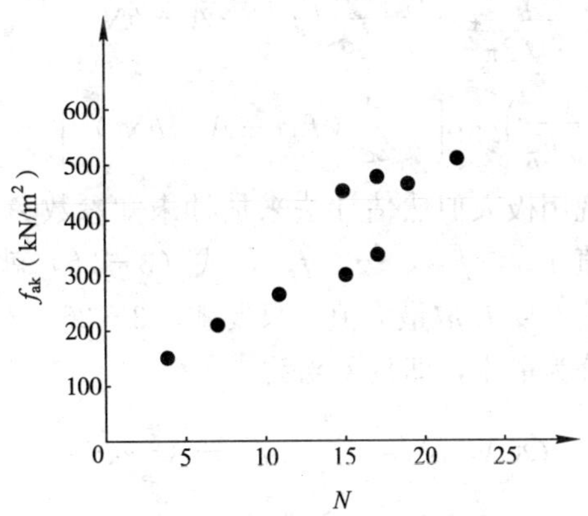

图 3-6 砾质黏性土 f_{ak}-N 的散点图

通过图 3-6 的观察，其散点图更趋向于直线分布，其分布的回归方程设为

$$f_{ak}=A+b\cdot N \tag{3-23}$$

式中 N——残积土的标准贯入击数；

f_{ak}——残积土的地基承载力特征值，(kPa)。

根据一元线性回归模型定义，我们假设对于 N（在某个区间内）的每一个值有

$$f_{ak}\sim N(A+b\cdot N,\ \sigma^2)$$

其中 A，b 及 σ^2 都是不依赖于 N 的未知参数。

对 f_{ak} 作这样的正态假设，相当于假设

$$f_{ak}=A+b\cdot N+\varepsilon,\ \varepsilon\sim N(0,\ \sigma^2) \tag{3-24}$$

其中未知参数 A，b 及 σ^2 都不依赖于 N。

(3) A，b 的估计　取 N 的 9 个值（如表 3-9 所示）N_1，N_2，…，N_9 做独立试验，得到样本（f_{ak1}，N_1），（f_{ak2}，N_2），…，（f_{ak9}，N_9）。由式（3-24）可得

$$f_{aki}=A+b\cdot N_i+\varepsilon_i,\ \varepsilon_i\sim N(0,\ \sigma^2)，各\ \varepsilon_i\ 之间相互独立 \tag{3-25}$$

于是 $f_{aki} \sim N(A+bN_i, \sigma^2)$，$i=1, 2, \cdots, 9$。且由 f_{ak1}，f_{ak2}，…，f_{ak9} 的独立性，知 f_{ak1}，f_{ak2}，…，f_{ak9} 的联合密度为

$$L = \prod_{i=1}^{9} \frac{1}{\sigma\sqrt{2\pi}} \exp\left[-\frac{1}{2\sigma^2}(f_{aki}-A-bN_i)^2\right]$$

$$= \left(\frac{1}{\sigma\sqrt{2\pi}}\right)\exp\left[-\frac{1}{2\sigma^2}(f_{aki}-A-bN_i)^2\right] \quad (3-26)$$

同上，现用极大似然估计法来估计未知参数 A，b。对于任意一组观察值 f_{ak1}，f_{ak2}，…，f_{ak9}，式（3-26）就是样本的似然函数。显然，要 L 取最大值，只要式（3-26）右端方括弧中的平方和部分为最小，即只需函数

$$Q(A, b) = \sum_{i=1}^{9}(f_{aki}-A-bN_i)^2$$

取最小值。

取 Q 关于 A，b 的偏导数，并令它们等于零

$$\frac{\partial Q}{\partial A} = -2\sum_{i=1}^{9}(f_{aki}-A-N_i) = 0$$

$$\frac{\partial Q}{\partial b} = -2\sum_{i=1}^{9}(f_{aki}-A-N_i)\cdot N_i = 0$$

得方程组

$$9A + \left(\sum_{i=1}^{9}N_i\right)\cdot b = \sum_{i=1}^{9}f_{aki}$$

$$\left(\sum_{i=1}^{9}N_i\right)\cdot A + \left(\sum_{i=1}^{9}N_i^2\right)\cdot b = \sum_{i=1}^{9}N_i\cdot f_{aki} \quad (3-27)$$

式（3-27）为正规方程组。

由于 N_i 不全相同，正规方程组的系数行列式

$$\begin{vmatrix} 9 & \sum_{i=1}^{9}N_i \\ \sum_{i=1}^{9}N_i & \sum_{i=1}^{9}N_i^2 \end{vmatrix} = 9\sum_{i=1}^{9}N_i^2 - \left(\sum_{i=1}^{9}N_i\right)^2 = 9\sum_{i=1}^{9}(N_i-\bar{N})^2 \neq 0$$

故式（3-27）有唯一的一组解。解得 A，b 的极大似然估

计为

$$\hat{b}=\frac{9\sum_{i=1}^{9}N_i\cdot f_{aki}-(\sum_{i=1}^{9}N_i)\cdot(\sum_{i=1}^{9}f_{aki})}{9\sum_{i=1}^{9}N_i^2-(\sum_{i=1}^{9}N_i)^2}$$

$$=\frac{\sum_{i=1}^{9}(N_i-\bar{N})(f_{aki}-\bar{f}_{ak})}{\sum_{i=1}^{9}(N_i-\bar{N})^2}=20.431$$

$$\hat{A}=\frac{1}{9}\sum_{i=1}^{9}f_{aki}-\frac{\hat{b}}{9}\sum_{i=1}^{9}N_i=\bar{f}_{ak}-\hat{b}\bar{N}=62.803$$

因此图 3-6 的回归方程为

$$f_{ak}=20.431N+62.803 \tag{3-28}$$

上述 $\hat{A}$ 及 $\hat{b}$ 也可通过最小二乘法求得。

(4) 对 b 的假设检验　对式(3-28)进行假设检验，同理我们需要进行如下的检验假设

$$H_0:b=0,\ H_1:b\neq0$$

仍然使用 t 检验法来进行检验，因此有

$$\hat{b}\sim N(b,\ \sigma^2/S_{xx})$$

由数理统计知识可知

$$\frac{(n-2)\hat{\sigma}^2}{\sigma^2}=\frac{Q_e}{\sigma^2}\sim\chi^2(n-2) \tag{3-29}$$

其中 $Q_e=S_{yy}-\hat{b}\cdot S_{xy}=21510.914$，$\hat{\sigma}^2$ 是 σ^2 的无偏估计

$$\hat{\sigma}^2=\frac{Q_e}{n-2}=3072.988$$

且 $\hat{b}$ 与 Q_e 独立，故有

$$\frac{\hat{b}-b}{\sqrt{\sigma^2/S_{xx}}}\Big/\sqrt{\frac{(n-2)\hat{\sigma}^2}{\sigma^2}\Big/(n-2)}\sim t(n-2)$$

即

$$\frac{\hat{b}-b}{\hat{\sigma}}\sqrt{S_{xx}} \sim t(n-2) \tag{3-30}$$

这里：$\hat{\sigma}=\sqrt{\hat{\sigma}^2}$。

当 H_0 为真时 $b=0$，此时：

$$t=\frac{\hat{b}}{\hat{\sigma}}\cdot\sqrt{S_{xx}} \sim t(n-2)$$

且 $E(\hat{b})=b=0$，即得 H_0 的拒绝域为

$$|t|=\frac{|\hat{b}|}{\hat{\sigma}}\cdot\sqrt{S_{xx}} \geqslant t_{\alpha/2}(n-2) \tag{3-31}$$

此处的 α 为显著性水平，取 $\alpha=0.05$，则 $t_{\alpha/2}(n-2)=t_{0.025}(7)=2.3646$，将 $\hat{b}$，$\hat{\sigma}$，S_{xx} 代入式（3－31），得 $|t|=6.021\geqslant t_{0.025}(7)$，所以拒绝假设 H_0：$b=0$，认为回归效果显著，说明式（3－28）所表现的线性关系是具有实用价值的。

其回归曲线图如图 3－7 所示，其相关系数为 $R=0.92$。

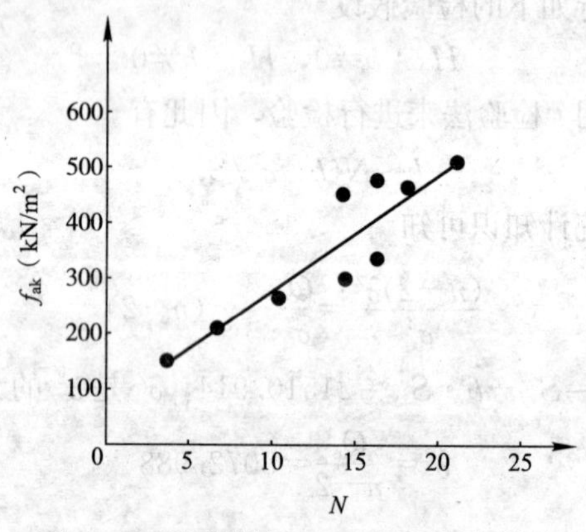

图 3－7　砾质黏性土 f_{ak}－N 回归曲线图

同理，我们可以建立花岗岩砂质黏性土及花岗岩黏性土地基承载力特征值 f_{ak} 与相应标贯击数 N 之间的统计关系，其回归曲线图如图 3－8、图 3－9 所示。

它们分布的回归方程如式（3－32）、式（3－33）所示，其

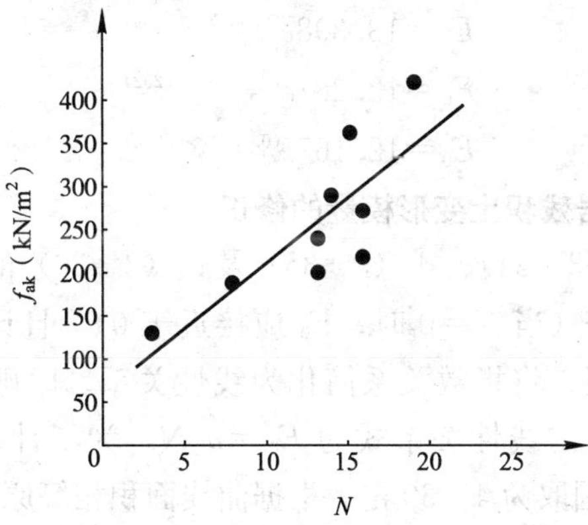

图 3-8 砂质黏性土 f_{ak}-N 回归曲线图

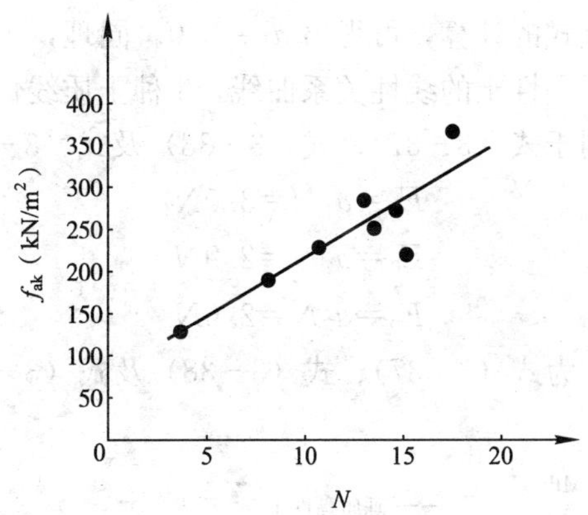

图 3-9 黏性土 f_{ak}-N 回归曲线图

相关系数分别为 $R=0.87$、$R=0.91$。由此可见，花岗岩残积土标贯击数 N 与地基承载力特征值 f_{ak} 也有较好的相关性。

$$f_{ak}=15.049N+62.920 \tag{3-32}$$

$$f_{ak}=13.462N+69.470 \tag{3-33}$$

将式（3-28）、式（3-32）及式（3-33）分别代入式（3-20）、式（3-21）及式（3-22）中即可得到花岗岩残积土三种不同土质的变形模量 E_0 与标贯击数 N 之间的关系，如式（3-34）、式（3-35）及式（3-36）所示：

$$E_0=13.398e^{(0.061N+0.189)} \quad (3-34)$$

$$E_0=12.287e^{(0.060N+0.252)} \quad (3-35)$$

$$E_0=12.167e^{(0.055N+0.278)} \quad (3-36)$$

2. 花岗岩残积土变形模量的修正

由于式（3－34）、式（3－35）及式（3－36）的边界条件与实际情况不符（当 $N=0$ 时，E_0 应接近于 0），且计算烦琐，为便于工程应用，将指数关系简化为线性关系。以砾质黏性土为例，令转化后的线性关系式为 $E_0=a_1N$，为了计算更加精确，这里 N 的范围取为 4～30 击，根据曲线面积相等原理，有

$$\int_4^{30} 13.398e^{(0.061N+0.189)}\mathrm{dN} = \int_4^{30} a_1 N\mathrm{d}N = 442a_1$$

通过对上式的计算，可得出 $a_1=3.0$。同理，可得出砂质黏性土与花岗岩黏性土的线性关系曲线，3 种土质线性转化后的关系曲线分别列于式（3－37）、式（3－38）及式（3－39）

$$E_0=a_1N=3.0N \quad (3-37)$$

$$E_0=a_2N=2.9N \quad (3-38)$$

$$E_0=a_3N=2.6N \quad (3-39)$$

图 3－10 为式（3－37）、式（3－38）及式（3－39）的线性表达。

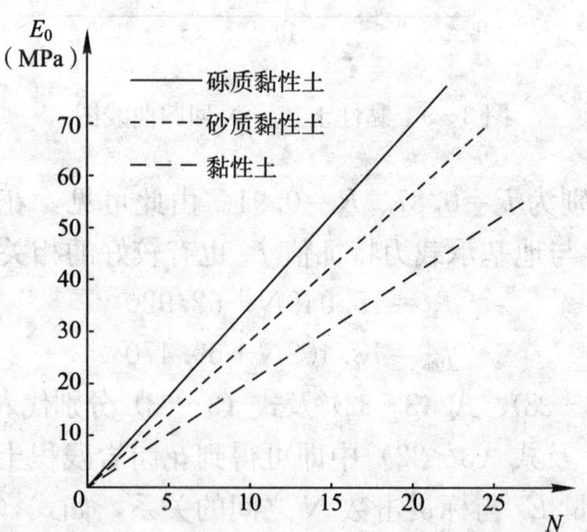

图 3－10　花岗岩残积土 E_0－N 的线性关系

最后，考虑到土体固结沉降的影响，根据 9 例实际工程 1～3 年的实测沉降数据与式（3－37）、式（3－38）及式（3－39）计算得到的沉降数据进行对比分析，如图 3－11 所示。依此结果，通过实测沉降值与计算沉降值的误差对比，对变形模量的取值进行修正，得出的修正系数 α 如表 3－10 所示。其区间值与土的孔隙比 e 及含水量 w 等指标有关，可按表 3－10 通过线性插值确定。表 3－10 即为本章给出的残积土变形模量取值的经验公式。

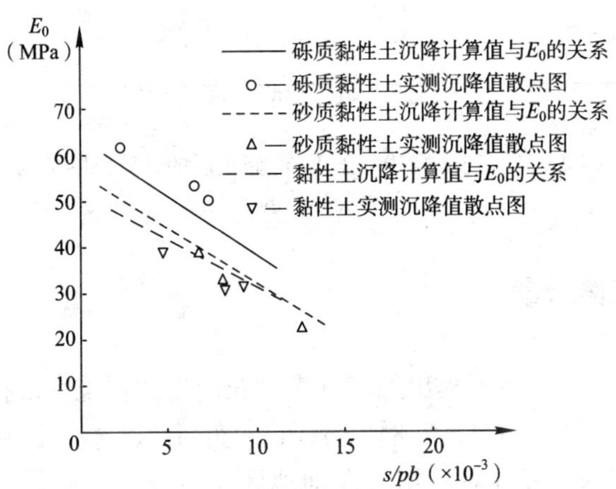

图 3－11 花岗岩残积土 E_0 未经修正的计算沉降值与实测沉降值的关系

花岗岩残积土变形模量的修正系数和经验公式　　表 3－10

土质名称	修正系数 α	E_0-N
砾质黏性土	1.1～1.3	E_0＝(3.3～3.9)N
砂质黏性土	0.9～1.1	E_0＝(2.6～3.2)N
粉质—黏性土	0.85～1.0	E_0＝(2.2～2.6)N

图 3－12 为经修正后的变形模量取值方法计算得到的沉降值与实测沉降值的对比，可以看出，经修正后的沉降计算值与实测沉降值吻合较好。

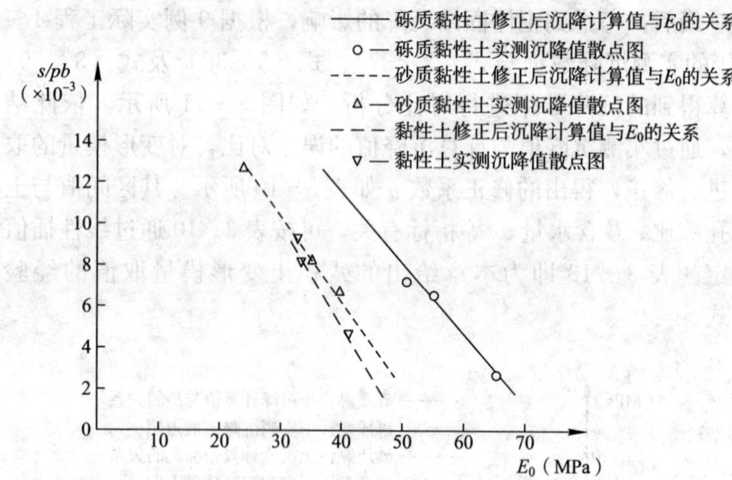

图 3-12　花岗岩残积土 E_0 经修正后的计算沉降值与实测沉降值的关系

3.4　沉降计算

表 3-10 为本书提出的三种类型花岗岩残积土变形模量的取值公式，下面通过具体实例来验证它的实用性、合理性及有效性。

实例的沉降计算采用《深圳地区建筑地基基础设计试行规程》SJG 1—88 所使用的分层总和法，即

$$s = Mpb\sum_{i=1}^{n}\frac{K_i - K_{i-1}}{E_{0i}} \tag{3-40}$$

式中　p——基础底面的平均压力（kPa）；

b——矩形基础的宽度（m）；

L——矩形基础的长度（m）；

K_{i-1}、K_i——与 L/b、Z/b 有关的无因次系数，可查表 3-11 得；

E_{0i}——基础底面下第 i 层土的变形模量（MPa）；

n——在地基压缩层深度范围内所划分的土层数；

M——修正系数，可查表 3-12 得。

无因次系数 K **表 3-11**

$m=2Z/b$	矩形基础 $h=L/b$						带形基础 $h\geqslant 10$
	1	1.4	1.8	2.4	3.2	5	
0.0	0.000	0.000	0.000	0.000	0.000	0.000	0.000
0.4	0.100	0.100	0.100	0.100	0.100	0.100	0.104
0.8	0.200	0.200	0.200	0.200	0.200	0.200	0.208
1.2	0.299	0.300	0.300	0.300	0.300	0.300	0.311
1.6	0.380	0.394	0.397	0.397	0.397	0.397	0.412
2.0	0.446	0.472	0.482	0.486	0.486	0.486	0.511
2.4	0.499	0.538	0.556	0.565	0.567	0.567	0.605
2.8	0.542	0.592	0.618	0.635	0.640	0.640	0.687
3.2	0.577	0.637	0.671	0.696	0.707	0.709	0.763
3.6	0.606	0.676	0.717	0.750	0.768	0.772	0.831
4.0	0.630	0.708	0.756	0.796	0.820	0.830	0.892
4.4	0.650	0.735	0.789	0.837	0.867	0.883	0.949
4.8	0.668	0.759	0.819	0.873	0.908	0.932	1.001
5.2	0.683	0.780	0.884	0.904	0.948	0.977	1.050
5.6	0.697	0.798	0.867	0.933	0.931	1.018	1.095
6.0	0.708	0.814	0.887	0.958	1.011	1.056	1.138
6.4	0.719	0.828	0.904	0.980	1.031	1.090	1.178
6.8	0.728	0.841	0.920	1.000	1.065	1.122	1.215
7.2	0.736	0.852	0.935	1.019	1.038	1.152	1.251
7.6	0.744	0.863	0.948	1.036	1.109	1.180	1.285
8.0	0.751	0.872	0.960	1.051	1.128	1.205	1.316
8.4	0.757	0.881	0.970	1.085	1.146	1.229	1.347
8.8	0.762	0.888	0.980	1.078	1.162	1.251	1.376
9.2	0.768	0.896	0.989	1.089	1.178	1.272	1.404
9.6	0.772	0.902	0.998	1.100	1.192	1.291	1.431
10.0	0.777	0.908	1.005	1.110	1.205	1.309	1.456
11.0	0.786	0.922	1.022	1.132	1.233	1.349	1.506
12.0	0.794	0.933	1.037	1.151	1.257	1.384	1.550

注：L、b—矩形基础的长度与宽度；Z—基础底面至该层土底面的距离。

修正系数 M　　表 3-12

$m=2H/b$	$0<m\leqslant0.5$	$0.5<m\leqslant1$	$1<m\leqslant2$	$2<m\leqslant3$	$3<m\leqslant5$
M	1.00	0.95	0.90	0.80	0.75

注：H—岩层的埋藏深度或压缩层深度；
　　b—基础的宽度。

天然地基上高层建筑箱形与筏形基础压缩层深度近似计算公式如下

$$Z_{\mathrm{H}}=(Z_0+\xi b)\times0.7 \tag{3-41}$$

带形基础压缩层深度

$$Z_{\mathrm{H}}=(10.5+0.87b)\times0.7 \tag{3-42}$$

上式中的 Z_0 与 ξ 可查表 3-13。

Z_0 与 ξ　　表 3-13

n	1	2	3	4	5
Z_0	11.6	12.4	12.5	12.7	13.2
ξ	0.42	0.49	0.53	0.60	0.62

注：n 为基础长度与基础宽度之比。

实例 1：深圳市某住宅楼，由图 3-13 所示的 A、B、C、D 四段半径为 180 米的弧形单元组成，平面构成“S”形，每段长约 63m，全长 254.58m，总建筑面积约为 5 万 m^2，地下室高 4.5m。住宅楼有 12 层、14 层、16 层和 18 层，主要部分 18 层，高 51.6m，中部电梯间为 22 层。上部结构为框剪结构体系（图 3-14、图 3-15），梁板筏形基础，埋深 4m，宽度 15m 左右。该建筑物于 1985 年 1 月开始施工，1987 年 4 月正式建成装修完毕投入使用。该建筑物地基土为花岗岩残积土，是当时深圳地区天然地基土上的最高建筑物，该建筑物的成功建成，证实了花岗岩残积土具有良好的承载性能，完全改变了过去在花岗岩残积土上建筑较高层建筑物时一律采用桩基的局面。这里通过本工程验证在花岗岩残积土地基沉降的计算参数的选择上，本章给出的

表 3－10 的变形模量的取值方法较式（1－3）更加合理、准确。

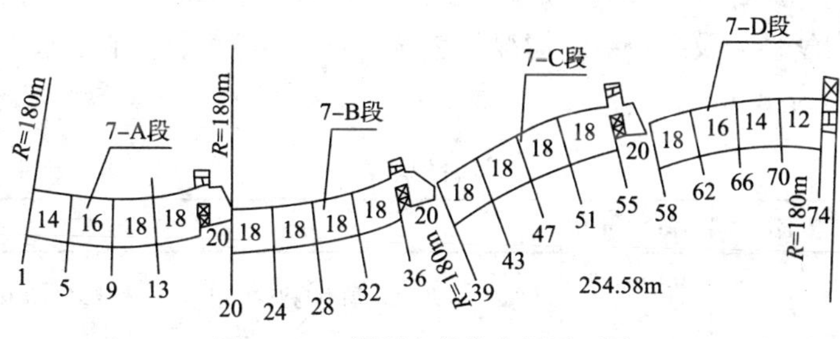

图 3－13 深圳市某住宅楼平面图

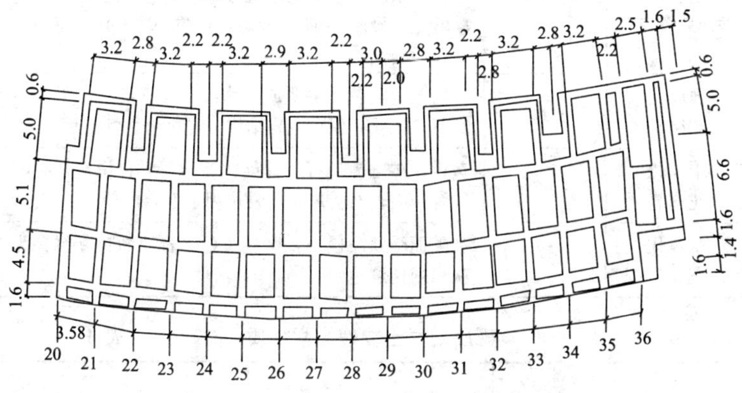

图 3－14 深圳市某住宅楼 B 段基础平面图

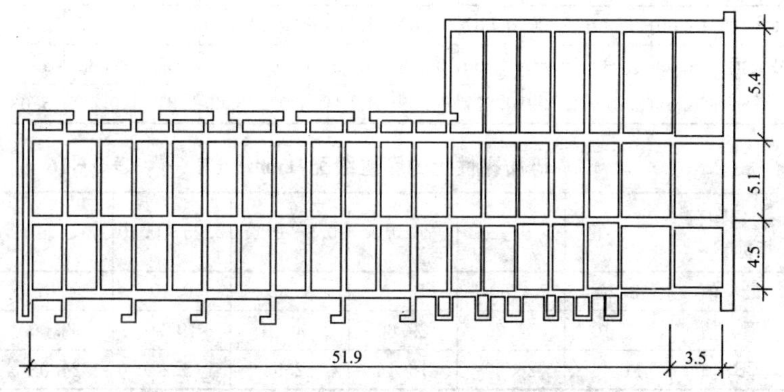

图 3－15 深圳市某住宅楼 B 段基础剖面图

(1) 地基土层：该住宅楼的地基持力层主要由花岗岩残积土中的砾质黏性土组成，地层见综合地层表 3-14。土层的一般物理力学性质及颗粒级配情况见表 3-15、表 3-16。地下水位深度约为 4.5m。

综合地层表　　表 3-14

土名	厚度 (m)	描　述
表土	0.4～1.1 (最厚 2.8)	褐黄～褐灰色，黏土与亚黏土回填，表层多被碾压
砾质黏性土 (花岗岩残积土)	15～20	褐黄～褐红～黄色等。含 50%以上石英粗粒，石英粒棱角状。黏性土呈球状（长石风化而成），主要为高岭土，硬塑～坚硬状态，标贯 N 为 10 击左右，残存原岩结构
强风化 花岗岩	5～16	灰白～褐黄色，主要成分为长石。石英、云母、斜长石多风化。保存原岩结构，岩块用手可折断
中风化 花岗岩	4～15	黄色，矿物为长石、石英、云母，块状构造，裂隙发育，斜长石受风化，岩块用手不能折断
微风化 花岗岩		裂隙面受铁质侵染，略显黄色，岩块断口新鲜，为灰白或肉红色

砾质黏性土物理力学性质　　表 3-15

项目 指标	w (%)	G	γ (kN/m³)	e	S_r (%)	I_P	I_L	φ'	c (kPa)	a_{1-2} (MPa⁻¹)	E_{s1-2} (MPa)
最小值	16.00	2.630	17.00	0.587	67.00	11.70	<0	17.50	11	0.17	2.40
最大值	46.00	2.730	19.80	1.305	100.00	35.80	0.84	35.40	59	0.82	9.71
平均值	28.56	2.673	18.09	0.907	84.59	21.04	<0	26.60	31	0.46	5.03

砾质黏性土的颗粒级配 (mm)　　表 3-16

颗粒 指标	10～5	5～2	2～0.5	0.5～0.25	0.25～0.10	<0.10
最小值	3.20	4.50	8.00	1.60	0.40	4.07
最大值	31.10	51.70	29.60	24.70	19.70	53.00
平均值	11.46	26.59	16.14	12.94	8.22	24.08

注：参加统计数 187 个。

(2) 地基承载力：根据在白沙岑地区所作的载荷板试验，其承载力最大可达 450kPa。地基容许承载力采用 $[R]=250\text{kPa}$，此值经过基础的深度及宽度修正后，可得设计承载力：

$$R=250+1.2\times18\times(6-3)+2\times18\times(4.5-1.5)=422.8\text{kPa}$$

(3) 沉降计算：计算建筑物的最终沉降时，分别使用本章给出的表 3-10 的变形模量取值方法及式 (1-3) 的取值方法作为沉降计算参数。因为持力层为砾质黏性土，且标贯击数为 $N=10$，代入表 3-10 中第一式，根据土层的含水量、孔隙比等指标，由线性插值可得修正系数 $\alpha=1.15$，可得 $E_0=34.5\text{MPa}$；而将 $N=10$ 代入式 (1-3)，得 $E_0=22\text{MPa}$。沉降计算结果如表 3-17 所示。

沉降计算结果 **表 3-17**

段名	按式（1-3）的取值方法作为沉降计算参数	按本书给出的取值方法作为沉降计算参数	沉降观测值
C	17.00mm	15.17mm	15.05mm
D	14.80mm	14.69mm	14.65mm

由表 3-17 可知，使用本书给出的变形模量的取值方法作为沉降计算参数，得出的平均沉降计算值与实测沉降值相比，高出平均实测值 0.5%。而使用式 (1-3) 的取值方法作为沉降的计算参数，所得平均沉降计算值与实测值相比，高出平均实测值 7.1%。可见，本章给出的变形模量的取值方法作为沉降计算参数，所得的沉降值更接近实测值。

实例 2：东莞市某商住楼，地上 20 层，地下一层，基础埋深为 4m，采用天然地基，基础持力层为砂质黏性土，由燕山期花岗岩风化而成，基础长 $L=54\text{m}$，宽 $b=30\text{m}$，基础底面的平均压力 p 为 287kPa，残积土层的标贯击数为 7 击，各土层简图如图 3-16 所示。

其计算步骤如下：

(1) $L/b=1.8$，取压缩层厚度 $Z_H=18.5\text{m}$，$m=2$，$Z_H/B=$

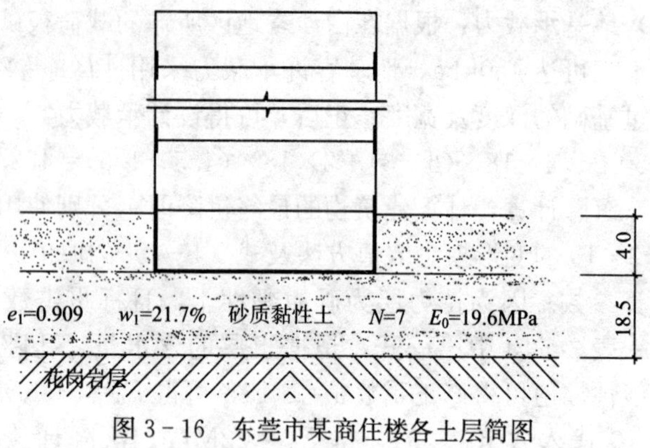

图 3 - 16　东莞市某商住楼各土层简图

1.233，查表 3 - 11，可得 $K=0.225$；

（2）查表 3 - 12，可得修正系数 $M=0.9$；

（3）将标贯击数 $N=7$ 代入表 3 - 10 中第 2 个公式，根据土层的含水量、孔隙比等指标，由线性插值可得修正系数 α 为 0.97，由此得出计算土层的变形模量 $E_0=19.6\text{MPa}$。若变形模量按式（1 - 3）取值，则持力层变形模量为 15.4MPa；

（4）将 M 值、平均压力 p、基底宽度 b、无因次系数 K 及两种方法所得的变形模量 E_0 代入式（3 - 40），可分别得到计算沉降值 12.5cm 和 15.5cm。

该建筑物在投入使用两年后得到的实测沉降值为 10cm。按本章提供的取值方法，所得结构的沉降计算值高出实测值 25%，而按式（1 - 3）所得的沉降计算值高出实测值 55%。可知本章的变形模量取值方法所得沉降值与实测值更接近，与式（1 - 3）相比更加经济，且保证了安全性。

实例 3：深圳市怡然天地居住宅工程 2 号楼，基础长 $L=85.1\text{m}$，宽 $b=18.8\text{m}$，基础持力层为砾质黏性土，分 3 层，各土层的标贯击数从上至下依次为 $N=8$、12 和 18 击，基础底面的平均压力 p 为 35.1kPa，其基底各土层简图如图 3 - 17 所示。

计算步骤如下：

（1）$L/b=4.527$，取压缩层厚度 $Z_H=24\text{m}$，其中 $Z_1=$

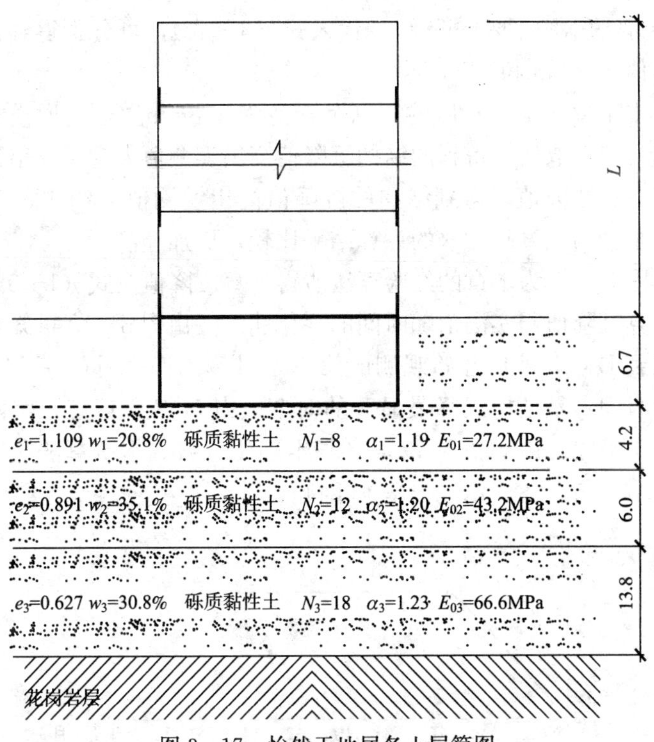

图 3-17 怡然天地居各土层简图

4.2m、Z_2=10.2m、$Z_3=Z_H$=24m，m_1=0.447、m_2=1.085、m_3=2.553，查表 3-11，可得 K_1=0.112、K_2=0.271、K_3=0.595；

(2) 查表 3-12，可得修正系数 M=0.8；

(3) 将标贯击数 N=8、12 和 18 击代入表 3-10 中第 1 个公式，同理，根据土层的含水量、孔隙比等指标，由线性插值可得修正系数 α 从上至下依次为 1.13、1.20、1.23，计算土层的变形模量为 E_{01}=27.2MPa、E_{02}=43.2MPa 及 E_{03}=66.6MPa。若变形模量按式 (1-3) 取值，则 E_{01}=17.6MPa、E_{02}=26.4MPa 及 E_{03}=39.6MPa；

(4) 将 M 值、平均压力 p、基底宽度 b、无因次系数 K 及两种方法所得的变形模量 E_0 代入式（3－40），可分别得到计算沉降值 6.8mm 和 11.1mm。

本工程竣工一年后的实测沉降值为 4.8mm。若变形模量按式（1－3）取值，得到的结构沉降值高出实测值大约 1.3 倍。若按本章算法取值，得到结构的沉降值高出实测值大约 42％，偏于安全，与式（1－3）的计算结果比较，更加经济。

图 3－18 为本章的经验算法所得计算沉降值及式（1－3）所得计算沉降值与实测值随时间的变化曲线。由图 3－18 可知，从 A 点到 B 点，即从开始观测的第三个月到第四个月的一个月左右的时间，是结构沉降最显著的时期；由 B 点到 C 点，沉降开始趋于平缓；由 C 点到 D 点已基本趋于直线。本章算法所得的沉降结果与上述变化过程基本相符。

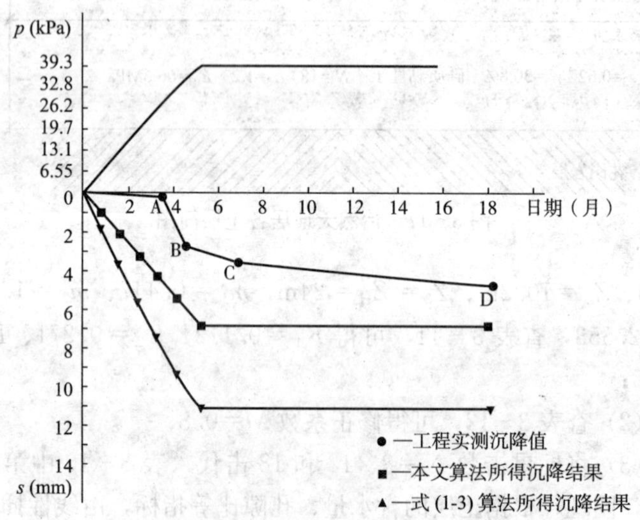

图 3－18　两种算法所得沉降值与实测值随时间的变化

实例 4：深圳市金海花园 2 号楼，基础长 $L=20.6\text{m}$，宽 $b=12.4\text{m}$，地基持力层为黏性土，分为 2 层，各土层的标贯击数从上至下依次为 $N=10$ 击和 16 击，基础底面的平均压力 p 为 171kPa，基础及各土层简图如图 3－19 所示。

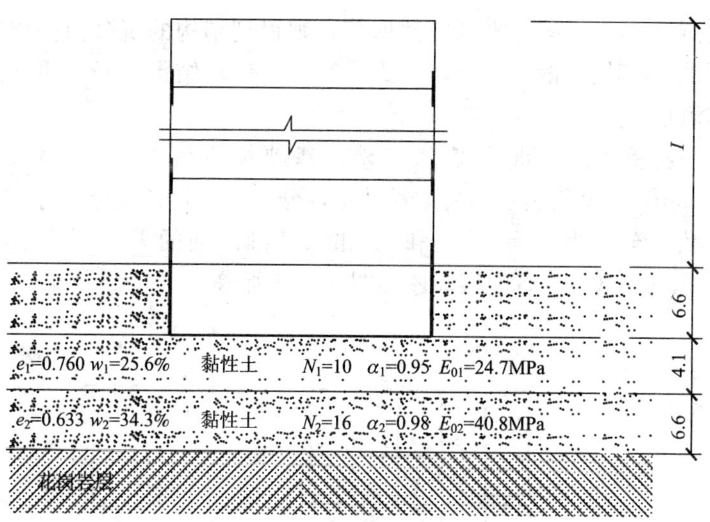

图 3-19 金海花园 2 号楼各土层简图

计算步骤如下：

（1）$L/b=1.661$，取压缩层厚度 $Z_H=10.7$m，其中 $Z_1=4.1$m、$Z_2=Z_H=10.7$m，$m_1=0.661$、$m_2=1.726$，查表 3-11，可得 $K_1=0.165$、$K_2=0.423$；

（2）查表 3-12，可得修正系数 $M=0.9$；

（3）将标贯击数 $N=10$ 和 16 击代入表 3-10 中第 3 个公式，根据土层的含水量、孔隙比等指标，由线性插值可得修正系数 α 从上至下依次为 0.95 和 0.98，土层的变形模量为 $E_{01}=24.7$MPa 和 $E_{02}=40.8$MPa。

若变形模量按式（1-3）取值，则 $E_{01}=22.0$MPa 和 $E_{02}=35.2$MPa；

（4）将 M 值、平均压力 p、基底宽度 b、无因次系数 K 及两种方法所得的变形模量 E_0 代入式（3-40），可分别得到计算沉降值 24.9mm 和 28.7mm。

本工程竣工并投入使用一年后，测得的实测沉降值为 20mm；若变形模量按式（1-3）取值，得到的结构沉降值高出实测值 44%。若按本章算法取值，则得到结构的沉降值高出实测值 24.3%，偏于安全，与式（3-8）计算结果比较，更接近实测值。

实例 5：深圳市某商住楼，基础长 $L=33.2\text{m}$，宽 $b=29.8\text{m}$，地基持力层为砾质黏性土，分为 2 层，各土层的标贯击数从上至下为 $N=17$ 击和 23 击，基础底面的平均压力 p 为 252kPa，基础及各土层简图如图 3-20 所示。

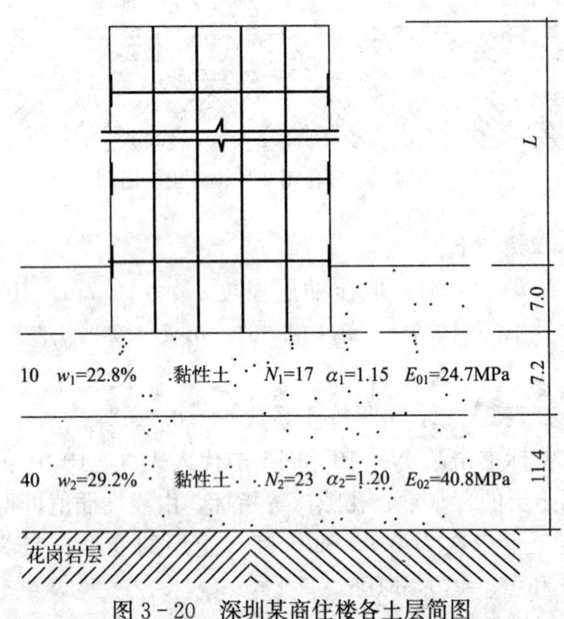

图 3-20　深圳某商住楼各土层简图

计算步骤如下：

（1）$L/b\approx1$，取压缩层厚度 $Z_H=18.6\text{m}$，

其中 $Z_1=7.2\text{m}$、$Z_2=Z_H=18.6\text{m}$，$m_1=0.483$、$m_2=1.250$，查表 3-11，可得 $K_1=0.121$、$K_2=0.309$；

（2）查表 3-12，可得修正系数 $M=0.9$；

（3）将标贯击数 $N=17$ 击和 23 击代入表 3-10 中第 1 个公

式，同理，修正系数 α 从上至下取为 1.15 和 1.20，可得计算土层的变形模量 E_{01} = 58.6MPa 和 E_{02} = 82.8MPa。若变形模量按式（1-3）取值，则 E_{01} = 37.4MPa 和 E_{02} = 50.6MPa；

（4）将 M 值、平均压力 p、基底宽度 b、无因次系数 K 及两种方法所得的变形模量 E_0 代入式（3-40），可分别得到计算沉降值 29.3mm 和 47.0mm。

本工程竣工并投入使用一年后，测得的实测沉降值为 23mm。若变形模量按式（1-3）取值，得到的结构沉降值高出实测值 1 倍；若按本章算法取值，则得到结构的沉降值高出实测值 27.4%，偏于安全，与式（1-3）计算结果比较，更接近实测值。

表 3-18 为另外 3 个工程实例的实测沉降值与本章提出的变形模量取值方法计算得到的沉降值及式（1-3）计算得到的沉降值之间的相对误差。通过表 3-18 及以上 5 个实例得出的结果可知，本书的变形模量取值方法得到的沉降值与实测值的相对误差基本在 16.3%～32.1%，与式（1-3）的算法比较，计算误差小 3～5 倍。

其他工程实测沉降值与两种算法沉降计算值的相对误差　　表 3-18

工程名称	持力层土体性质	实测沉降值（mm）	本书算法所得沉降值（mm）	本书算法与实测值相对误差（%）	式（1-3）所得沉降值（mm）	式（1-3）算法与实测值相对误差（%）
广州市某工程	黏性土	40	46.5	16.3	53.0	33
东莞丝绸大厦	砂质黏性土	85	105.3	24	182	114
樟木头某大厦	砾质黏性土	24	31.7	32.1	45	88

3.5 结果分析

花岗岩残积土地基设计计算的关键在于沉降计算，计算参数的合理选取是准确计算的关键。目前所使用的方法在计算沉降时常常导致计算结果与实测沉降值相差较大，造成经济浪费或产生工程隐患。本章总结了大量的工程实测资料，基于统计分析，获得了花岗岩残积土沉降计算参数——变形模量的取值方法和公式，并将其应用于沉降计算工程实例中，得到以下结论：

（1）基于载荷板试验与标贯实测资料的统计分析及其与实测沉降资料的对比分析，针对现有部分地区花岗岩残积土变形模量取值方法的不足，考虑了花岗岩残积土的 3 种典型土质对变形模量计算的影响，采用统计分析的方法，提出了 E_0 与 N 之间新的经验公式。

（2）3 种不同土质残积土的变形模量与实测沉降结果的对比分析表明，砾质黏性土的 E_0 与沉降计算值的关系曲线略低于实测沉降结果，而砂质黏性土及花岗岩黏性土的 E_0 与沉降计算值的关系曲线均高于实测沉降结果，依此提出 E_0 与 N 之间的修正系数。经修正后，得出最终 E_0 的经验公式，经对实际工程的沉降计算，沉降计算结果与实测沉降结果较吻合。

（3）通过与 3 种不同土质地基持力层的实际工程地基沉降实测数据的比较，表明本章算法得出的沉降计算值与实测沉降值的相对误差一般为 16%～32%，有时与实测值更加接近，如实例 1 所示，基本与实测值相等。而使用式（1－3）得出的沉降计算值与实测沉降值的相对误差则较大，有时可达到 130%。同时，通过比较还可发现，本章沉降计算值与实测沉降值的相对误差大小与花岗岩残积土层有关，成层的花岗岩残积土地基所得的沉降相对误差较大，而单一土层的花岗岩残积土地基所得的沉降相对误差较小。

（4）从工程实例中可以看出，砾质黏性土和砂质黏性土采用本章方法得到的地基沉降值与实测值的相对误差远优于式（1－3）的取值方法，大大提高了经济效益并保证了安全性，而花岗岩黏性土采用本章方法与采用式（1－3）计算得到的地基沉降值与实测值相对误差在 20%以内。这是因为变形模量取值修正系数 α 的影响因素较复杂，除了固结时间的影响，还与土质的粗颗粒含量、孔隙比、含水量等因素有关，有待进一步研究。

第4章 花岗岩残积土上建筑物的沉降固结时效问题

4.1 概述

为确保高层建筑物的稳固与安全，建筑物建成后监测其沉降固结状况变得越来越重要。目前，包括《建筑地基基础设计规范》GB 50003—2002在内的许多勘察设计规范均将高层建筑的固结沉降观测列入基本要求，另外还颁布的国家行业标准《建筑变形测量规程》JGJ/T 8—97。在花岗岩残积土地区，由于其土体特性与一般黏性土有很大区别，所以其固结沉降随时间的变化与一般黏性土也不尽相同。本章根据近年来广东地区花岗岩残积土上几处高层建筑物的固结沉降观测的工程实例，对花岗岩残积土地区建筑物沉降固结与时间的关系特性进行了分析。

4.2 高层建筑沉降观测的基本特点

为了能及时监测高层建筑物的沉降状况，沉降观测点一般在新建建筑物进行基础施工时或已有建筑物需要监测时布设。新建建筑物布设沉降点时，尚不能顾及沉降点周围可能砌筑隔断墙或铺设管道设备等，前期施工现场堆放物较多，施工现场凌乱，基础沉降点容易被压盖或碰撞。现场施工人员庞杂，各工序人员不同，交接协调工作如不及时，沉降点就有被人为覆盖或损毁的可能。如不及时进行观测，就会失去某一时段的沉降数据，且无法恢复或重测。每次观测完毕，应及时处理数据，以便及时发现问题解决问题。因此，高层建筑沉降观测具有以下特点：

(1) 监测环境复杂，障碍物多，通视条件差；

(2) 沉降点点位易受破坏，影响沉降观测的连续性；

(3) 监测工期较长，人力、物力消耗大；

(4) 原始数据量大，数据处理繁琐；

(5) 监测的实时性和不可逆性。

一般沉降观测项目基本工艺流程包括：仪器设备及材料准备、基准点布设、工作基点布设、沉降点布设、沉降观测及数据处理、沉降数据分析等，具体方法可参见相关规范和文献。

对于高层建筑，沉降观测一般必须埋设基准点和永久沉降点，依据现场情况还可以布设工作基点、基础沉降点以及联系点、检查点等。

基准点是沉降观测的起始控制点，要求埋设在稳定、安全、可靠和使用方便的地方，根据现场条件，确定基准点的埋设位置和个数，基准点的高程系统最好与建筑物高程系统一致。对于新建建筑物，布设基础沉降点和永久沉降点时，其个数主要依据建筑物规模、建筑结构以及地质条件等因素确定，沉降点位置应尽量分布在四角、大转角、承重墙（柱）、沉降缝两边、裂缝两边、轴线上和中心点等处，还应充分考虑通视条件，避免转点，必须布设在承重位置或地质条件差的地方，阳台、非承重墙（柱）等部位不宜布设永久沉降点。

如果永久沉降点埋设在地下室，最好在地面上布设两个工作基点。工作基点是连接地上基准点和地下沉降点的过渡点。工作基点应与地下永久沉降点位置相对应，理论上工作基点的沉降量与其相对应的同一沉降柱上沉降点的沉降量相同，即将工作基点与其相对应的沉降点之间的高差视作常量。

4.3　沉降观测点的布设

在本章中，选择广东地区的 6 例工程进行固结沉降观测，如

表 4－1 所示，以获得花岗岩残积土地区地基固结沉降随时间的变化关系。

各个工程沉降观测资料　　表 4－1

工程名称	楼层	土类	观测次数	第一次观测时间	最后一次观测时间
东莞某电信综合楼	12	砂质黏性土	10	2003.4.3	2004.2.6
东莞某员工宿舍楼	12	砂质黏性土	8	2004.11.18	2005.5.17
东莞某移动大厦	14	黏性土	13	2003.4.27	2004.4.8
金海花园 1 号	14	黏性土	13	2002.3.3	2003.2.20
宝珠花园 12 号	11	砂质黏性土	15	2001.6.20	2002.4.11
怡然天地居 3 号	6	砾质黏性土	7	2004.3.13	2004.11.15

其固结沉降观测点的布设如下：

（1）基准点：基准点采用三点进行联测，按二级水准测量的作业要求施测。一般在场地外围不受基础压力影响的合适位置埋设三个水准点作为固结沉降观测工作的基准点，可定编号为 BM1、BM2 和 BM3。每次沉降观测前均首先联测基准点，确定基准点位稳定可用后，才用作沉降闭合环的起闭点。以基准点 BM1 为高程起算点，可假设一个高程，然后联测出另外两个基准点的高程。

（2）观测点：观测点采用 Φ16～Φ25mm 的钢筋制作。埋设于首层制定承力柱上，高出地平面 30～40cm。

基准点和观测点的测量分别采用往返法和环线闭合法施测。采用固定测量人员、固定测量仪器和固定测量路线以减少测量误差。

4.4 花岗岩残积土固结沉降特性分析

表 4－1 与表 4－2 给出了各个工程的固结沉降观测资料及数据。根据表 4－2 所示的数据，可以绘制出图 4－1 中的各工程实测“荷载—时间—沉降”的关系图。

各个工程沉降数据表　　表 4-2

工程名称	观测次数	1	2	3	4	5	6	7	8	9	10	11	12	13	14	15
东莞某电信综合楼	平均沉降(mm)	0	0.26	0.26	0.61	0.44	0.87	1.13	1.57	1.74	1.92					
	累计沉降(mm)	0	0.26	0.52	1.13	1.57	2.44	3.57	5.14	6.88	8.80					
	沉降速率(mm/d)	0.028														
东莞某员工宿舍楼	平均沉降(mm)	0	0.2	1.0	0.6	1.8	1.1	0.5	0.2							
	累计沉降(mm)	0	0.2	1.2	1.8	3.6	4.7	5.2	5.4							
	沉降速率(mm/d)	0.027														
东莞某移动大厦	平均沉降(mm)	0	0.18	0.54	1.17	0.18	0.36	0.72	0.36	0.81	1.35	0.99	0.27	0.27		
	累计沉降(mm)	0	0.18	0.72	1.89	2.07	2.43	3.15	3.51	4.32	5.67	6.66	6.93	7.20		
	沉降速率(mm/d)	0.036														
金海花园1号	平均沉降(mm)	0	0.63	0.51	0.60	1.68	1.79	1.63	1.29	0.99	1.18					
	累计沉降(mm)	0	0.63	1.14	1.74	3.42	5.21	6.84	8.13	9.12	10.3					
	沉降速率(mm/d)	0.038														
宝珠花园12号	平均沉降(mm)	0	0.59	0.64	0.68	0.64	0.11	0.11	0.54	0.59	0.79	0.73	0.82	0.70	0.57	0.79
	累计沉降(mm)	0	0.59	1.23	1.91	2.55	2.66	2.77	3.31	3.90	4.69	5.41	6.23	6.93	7.50	8.30
	沉降速率(mm/d)	0.028														
怡然天地居3号	平均沉降(mm)	0	0.52	0.52	0.52	0	0.52	0.52								
	累计沉降(mm)	0	0.52	1.04	1.56	1.56	2.08	2.60								
	沉降速率(mm/d)	0.013														

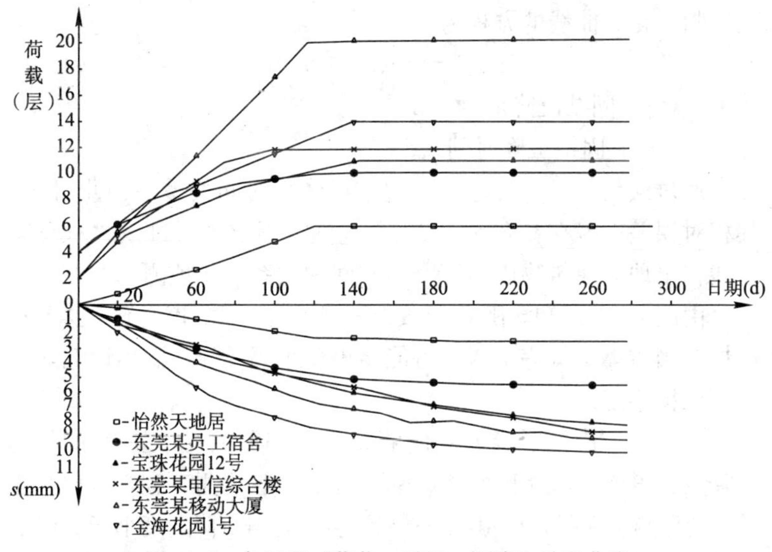

图 4-1 各工程“荷载—时间—沉降”关系曲线

由图 4-1 所示，“时间—沉降”曲线形态相似，因此，对“时间—沉降”曲线进行归一化处理，图 4-2 为归一化后的“时间—沉降”关系曲线。

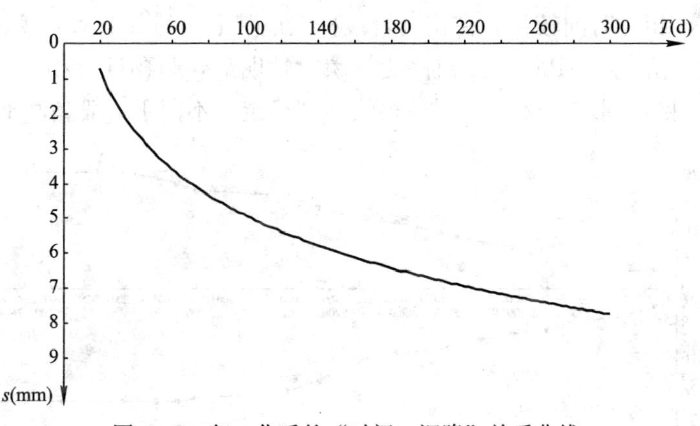

图 4-2 归一化后的“时间—沉降”关系曲线

归一化后曲线的方程为：

$$s=2.58\text{In}(T)-6.97 \tag{4-1}$$

式中　s——固结沉降值（mm）；

T——固结沉降时间（d）。

通过式（4-1）对建筑物固结沉降与时间关系的预测可知，其相对误差一般在 6.8%～33.2%之间。因此可通过该式对花岗岩残积土地区建筑物固结沉降与时间的关系进行预测。

由图 4-1 可知，随着荷载的不断增加，累计沉降量也不断增加。当主体结构完工后，可能会出现小幅反弹，而累计沉降量基本保持不变。

表 4-2 为固结沉降观察成果表，可以得出各工程所得的平均沉降量、累计沉降量和沉降速率。对于一般观测工程，按照《建筑物变形测量规程》（JGJ/T 8—97）要求，若沉降速度小于 0.01～0.04mm/d，可认为进入稳定阶段。由表 4-2 的计算结果可知，各工程的平均沉降速度均在此范围内，沉降已进入收敛阶段。

通过对图 4-1 的分析可知，花岗岩残积土地区建筑物固结沉降一般在结构封顶之日起 150 天之内即可达到沉降的稳定。而一般黏性土地区，如图 4-3 所示，沉降稳定一般需要 1～2 年时间，相对时间较长。在花岗岩残积土地基上，随着上部荷载的增加（由 0%～100%），沉降变形瞬时性明显，与黏性土相似，但其固结变形在荷载 100%后很快达到稳定，不同于一般黏性土。

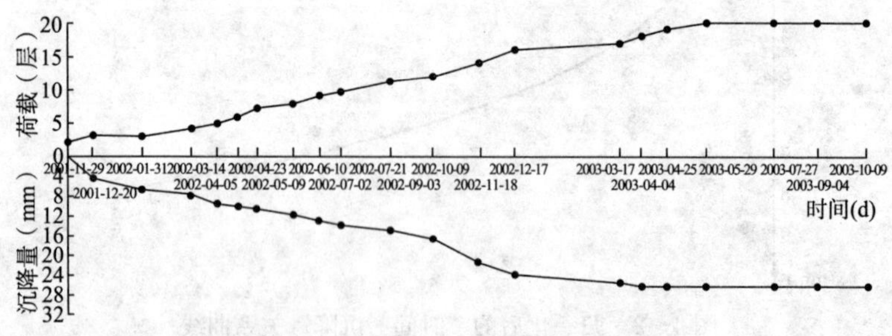

图 4-3　某黏性土地区建筑“荷载—时间—沉降”关系曲线

各个工程沉降资料统计表　　表 4-3

工程名称	观测次数	每次平均沉降量（mm）	累计沉降量（mm）	沉降速率（mm/d）
东莞某电信综合楼	10	1.31	8.8	0.028
东莞某员工宿舍楼	8	0.77	5.4	0.027
东莞某移动大厦	13	0.60	7.2	0.036
金海花园 1 号	13	1.28	10.3	0.038
宝珠花园 12 号	15	1.67	8.3	0.028
怡然天地居 3 号	7	0.43	2.6	0.013

花岗岩残积土固结沉降的快慢与残积土类型有很大关系，如图 4-1 及表 4-1、表 4-2 所示，砾质黏性土固结稳定较快，在结构封顶之日起 60d 内即可达到稳定；砂质黏性土次之，在结构封顶之日起 80～140d 左右可达到稳定；花岗岩残积黏性土最慢，在结构封顶之日起 150d 左右才可达到稳定。由此推断出花岗岩残积土固结沉降稳定的快慢与残积土粗颗粒含量有关，随着粗颗粒含量的增加，固结沉降稳定时间缩短。

4.5　结果分析

通过对花岗岩残积土地区 6 例建筑物固结沉降随时间变化的观测分析，可得出以下结论：

（1）在花岗岩残积土地区，随着上部荷载的增加（由 0～100%），地基沉降变形瞬时性明显，此特征与一般黏性土相似，但花岗岩残积土固结变形在荷载达到 100%后很快达到稳定，这又与一般黏性土不同。

（2）花岗岩残积土地区建筑物固结沉降的稳定时间一般在结构封顶之日起 150d 之内，比一般黏性土上的建筑物固结沉降时间（1～2 年）短。

（3）花岗岩残积土固结沉降的稳定时间与残积土类型有关。砾质黏性土固结稳定时间最短，砂质黏性土次之，花岗岩黏性土固结稳定时间最长。由此推断出花岗岩残积土固结沉降稳定的快慢与残积土粗颗粒含量有关，随着粗颗粒含量的增加，固结沉降稳定时间缩短。

（4）通过对花岗岩残积土地区 6 例建筑物固结沉降与时间的变化曲线的归一化处理，得出了归一化后的“沉降—时间”曲线方程，依此方程可对花岗岩残积土地区建筑物的沉降随时间的变化进行预测。

第 5 章　花岗岩残积土基坑支护结构的侧向变形分析

5.1　概述

建筑地基基础的变形问题在地基基础的设计中已得到普遍重视，如《建筑地基基础设计规范》GB 50007—2002 已将地基基础设计的基本原则定为变形控制设计，地基变形主要分为竖向的沉降变形和水平的侧向变形。

第 3 章已对地基的竖向沉降变形进行了研究，本章将对花岗岩残积土地区基坑支护结构的水平侧向变形问题进行分析。

考虑到现行花岗岩残积土地基基坑水平变形计算存在的不足，本章采用第 4 章提出的变形模量的取值方法，应用于花岗岩残积土支护结构的水平侧向变形计算。并将计算结果分别与广东地区现行的花岗岩残积上变形模量取值方法所得的计算结果和“m”法的计算结果进行比较。

5.2　现行花岗岩残积土基坑支护结构侧向变形计算的不足

目前，在广东地区，深基坑支护结构，特别是多支点排桩支护结构的水平侧向变形的计算方法主要采用基床系数法，即“m”法。排桩在水平荷载作用下，桩身位移的计算，一般将桩作为弹性地基上的梁，按文克尔假定——梁身任一点的土抗力和该点的位移成正比，这种解法简称为弹性地基梁法。

桩在水平荷载作用下，其水平位移（x）愈大时，侧压力

（即土的弹性抗力，σ）也愈大，侧压力大小还取决于土体的性质、桩身刚度大小、桩截面形状、桩入土深度等。侧压力的大小可用下式表示

$$\sigma = Cx \tag{5-1}$$

式中　C——土的水平向基床系数（或简称基床系数，地基系数等），它是反映地基土“弹性”的一个指标。

目前较常采用的基床系数分布规律为基床系数 C 随深度成正比例增加，即

$$C = mz \tag{5-2}$$

式中　m——比例系数，与地基土的类别、物理力学性质有关。其值一般根据试验测定，无实测资料时，可查表得到。按此式来计算桩在外荷载作用下各截面内力及位移的方法通常简称为“m”法。

如上所述，m 值的确定主要通过查表或室内试验测定。而广东省地基基础规范及深圳市建筑地基基础试行规程并没有给出花岗岩残积土 m 值的相关图表，只能按一般黏性土或砂土确定 m 值。而通过室内试验测定 m 值时，因对花岗岩残积土产生过大的扰动，使最后测定的 m 值误差较大。因此，通过“m”法计算花岗岩残积土水平侧向变形并没有真正反映出花岗岩残积土的本质特性，将会与支护结构实际的水平侧向变形有较大出入。

由于特殊的物理力学性质（如第 1 章所述），花岗岩残积土具有与一般残积土不同的工程特性。花岗岩残积土的变形模量通过现场原位试验得到，较真实地反映了残积土土体特性。采用土的变形模量作为计算参数，计算花岗岩残积土基坑支护结构的水平侧向变形，能够较准确地预测支护结构侧向变形。

5.3　土的变形模量对支护结构侧向变形的影响

1. 变形模量对支护结构侧向变形的影响

花岗岩残积土的变形模量是反映土竖向变形的力学指标，基

坑支护结构侧向变形也可由土体的变形模量来计算。这是由花岗岩残积土的粗颗粒特性和成因决定的，其不均匀性和各向异性受垂直分带影响，相同深度一定范围内的土体的水平与竖向可近似为均质体。

对于支护结构，取单位米为计算宽度，把其作为受土压力作用的弹性地基梁，土对墙的作用可以像文克尔模型一样用一系列的土弹簧来表示，而弹簧的刚度系数由 $k=N/\Delta$ 来确定，Δ 为由弹性力学的 Boussinesq 解求得的位移，N 为相应的力。由此确定的 k 是土体的变形模量 E_0、泊松比 μ、弹簧所代表的受压土体面积 $b_i\times d$ 的函数。如图 5－1 所示，开挖面以上挡土墙的土弹簧如果是受拉，则弹簧不起作用，因为土不能受拉力，此时 $k=0$，设一个土弹簧产生的集中力为 x_i，该弹簧代表受压土的面积为 $b_i\times d$，d 为墙单元的宽度，一般取 $d=1\text{m}$，则作用于该面积上的分布压力为

$$q_i=\frac{x_i}{b_i+d} \tag{5-3}$$

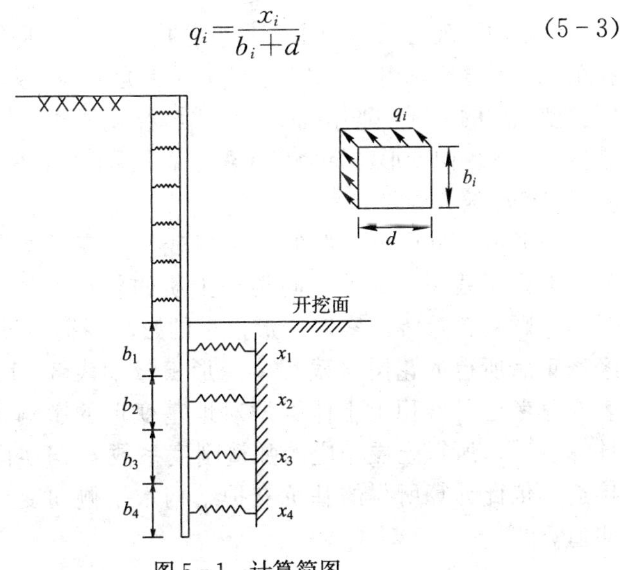

图 5－1　计算简图

设 $d<b$，则由 Boussinesq 解可得在 q_i 作用下的位移 Δ 为

$$\Delta=-\frac{d\cdot q\cdot (1-\mu^2)}{E_0}\cdot\omega=\frac{d\cdot x_i\ (1-\mu^2)}{b_i\times \mathrm{d}E_0}\cdot\omega \quad (5-4)$$

则

$$k_i=\frac{x_i}{\Delta}=\frac{b\cdot E_0}{(1-\mu^2)\ \omega} \quad (5-5)$$

式（5 - 5）即为利用土的变形模量确定支护结构土弹簧刚度系数的方法。ω 是与 b/d 有关的形状系数，当 $b/d=1.0$ 时，$\omega=0.8$；当 $b/d=1.5$ 时，$\omega=1.08$；当 $b/d=2.0$ 时，$\omega=1.22$。由于不同土层相应的弹簧刚度系数 k_i 可由 E_0 来反映，因而硬层的 E_0 大，相应的 k_i 也大，故由此确定的 k_i 可以较好的反映花岗岩残积土侧向变形性状。

2. 花岗岩残积土变形模量的取值对支护结构侧向变形的影响

如式（5 - 5）所示，花岗岩残积土变形模量 E_0 与土层相应的弹簧刚度系数 k_i 有关，因此残积土变形模量的取值将会直接影响基坑支护结构的水平侧向变形计算结果。

广东地区现行的残积土变形模量取值方法，即式（1 - 3），在东南沿海普遍采用。但该方法并没有考虑花岗岩残积土 3 种不同类型土质的差别，采用统一的公式，若采用此式计算基坑支护结构的水平侧向变形，将会与计算地基沉降相似，所得结果与实际情况产生较大误差。

本书第 3 章提出了新的花岗岩残积土变形模量的取值方法，考虑了残积土 3 种不同类型土质的差别，并考虑了固结时间、颗粒含量等因素对变形模量的影响，提出了修正系数，经修正后所得的花岗岩残积土变形模量如表 3 - 10 所示，该表充分考虑了残积土土体类型对地基变形的影响，将其作为计算参数，所得土层相应的弹簧刚度系数 k_i 与实际情况更加接近，依此计算所得的基坑支护结构水平侧向变形更接近实测值。

5.4　以变形模量作为计算参数的桩顶水平位移计算方法

由土的变形模量 E_0 计算基坑支护结构水平侧向变形的方法称为增量法。为说明方便，现以图 5-2(*a*) 所示只有一个支撑的情况为例，说明增量法的计算过程。

为在开挖面以下 H_1 处加支撑，必须先开挖到 $H_1+\Delta H$，此时，相应的荷载及计算简图如图 5-2 (*b*) 所示，q_1 为开挖面以上的土压力，求解后可得开挖面以下土弹簧的反力 x_1^0、x_2^0……x_6^0，此时相应墙体的内力和位移即可求得。

当在墙顶以下 H_1 处加支撑，设该支撑的弹簧刚度为 k，然后由 $H_1+\Delta H$ 开挖到 H_2，这一增量过程的计算简图如图 5-2(*c*) 所示，土压力增量为 q_2-q_1。而在开挖到 $H_1+\Delta H$ 时，即图 5-2(*b*) 的状态，k_1、k_2 两土弹簧对墙体作用有反力 x_1^0、x_2^0。当由 $H_1+\Delta H$ 开挖到 H_2 时，该两个弹簧处的土体被挖去，相应的 k_1、k_2 消失，其相当于在墙上作用了与 x_1^0、x_2^0 大小相等、方向相反的两个力，如图 5-2(*c*) 所示，q_2-q_1 和 x_1^0、x_2^0 即为这一增量过程的荷载增量，这一荷载增量由支撑弹簧 k 和开挖面以下的土弹簧共同承担。求解后得各弹簧反力为 x_1、x_3^1、x_4^1、x_5^1、x_6^1，如图 5-2(*c*) 所示，相应于这一增量过程的墙体内力和位移增量即可求得。把各增量过程中作用于墙上的荷载和弹簧反力增量叠加，即可得到作用于墙上的力，如图 5-2(*d*) 所示。如图 5-2(*b*)、(*c*) 所示，把图 5-2(*b*)、(*c*) 两个增量过程所得墙体内力和位移增量叠加即得到图 5-2(*a*) 所示的整个施工过程最终的墙体内力和位移。以上即为增量法的计算过程。

刚性悬臂护坡桩结构简单，设计计算较多支点支护结构方便，且具有一定的代表性。因此，下面将以花岗岩残积土地基的刚性悬臂护坡桩为例，采用上述方法，计算参数按第 3 章提出的变形模量取值方法，计算支护结构水平侧向变形，并与现有广东

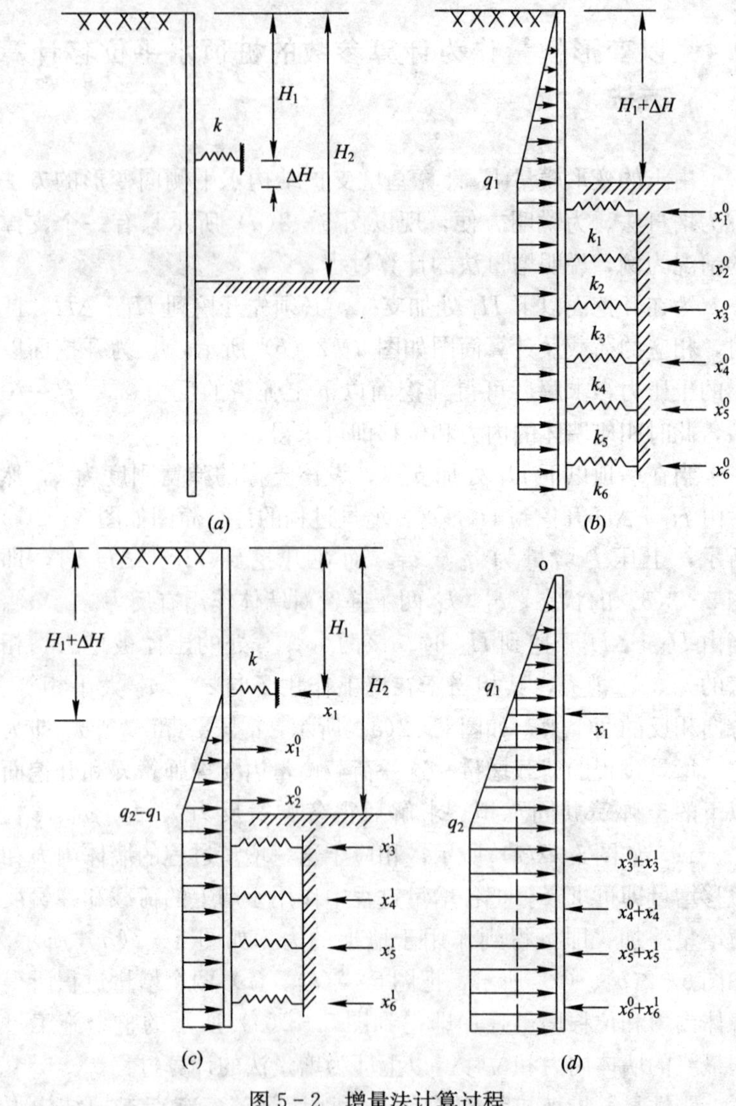

图 5-2　增量法计算过程

地区的花岗岩残积土取值方法对护坡桩的水平侧向变形的计算结果及“m”法的计算结果进行比较。

5.5 工程实例分析

深圳市某 20 层商住楼深基坑护坡桩，采用嵌固深度 5.8m 的悬臂护坡桩，开挖深度为 11m，桩长 14m，桩径 1.0m，桩距 1.8m，支护结构和土层情况如图 5－3 所示。

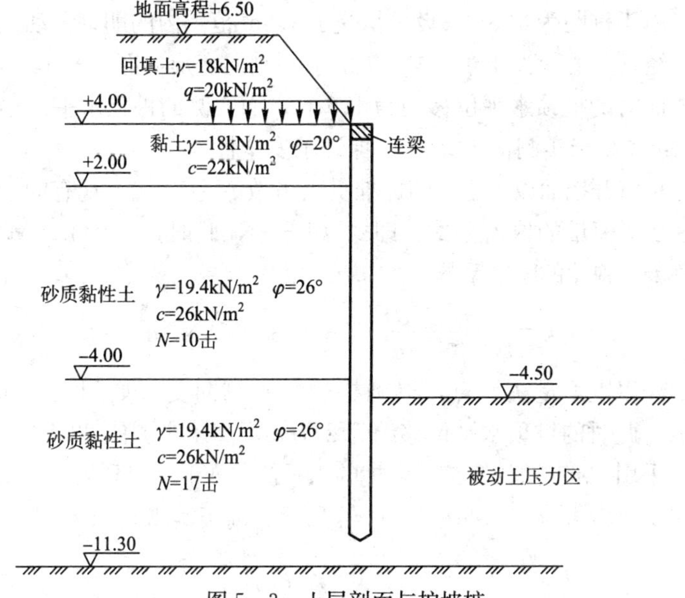

图 5－3　土层剖面与护坡桩

建筑物的持力层选在第 2 土层，即砂质黏性土层，$[R]=$ 288kPa，悬臂护坡桩由被动土压力区土体支承，被动土压力区为第 3 土层，亦即砂质黏性土，桩与桩间土在桩顶连梁的协调下共同工作组成组合梁，其整体抗弯刚度为 $\Sigma EI=1.8\times10^{12}\,\text{kg}\cdot\text{cm}^2$，每延米刚度为 $15.1\times10^{11}\,\text{kg}\cdot\text{cm}^2$。开挖面以下土层的标准贯入击数 $N=17$ 击，泊松比 $\mu=0.3$，把开挖面以下的土体划分为 10 个弹簧，则每个土弹簧所代表的土体面积为 $A=b\times d=0.58\times1.0=0.58\text{m}^2$，$d$ 为桩径，先将标准贯入击数 $N=17$ 代入

表 3 - 10 砂质黏性土变形模量计算公式中，取修正系数 $\alpha=2.9$，则得到的砂质黏性土变形模量为 $E_0=49\text{MPa}$，则每个土弹簧的刚度系数为

$$k=\frac{F}{\Delta}=\frac{dE_0}{(1-\mu^2)\times\omega}=44871\text{kN/m}^2$$

ω 为根据 Boussinesq 解确定的几何形状系数，近地表的土体其弹簧刚度系数考虑边界条件的影响系数乘 2/3。

由于桩距为 1.8m，设桩承受了 1.8m 范围内的朗肯主动土压力，经以上增量法计算，得到桩的水平侧向变形如图 5 - 4(*a*) 所示。此时的桩顶水平位移约为 1.6cm，而实测的桩顶水平位移为 1.4cm，高于实测值 14.3%，保证了安全性。

再将开挖面以下土层的标准贯入击数 $N=17$ 代入现有的广东地区变形模量的取值公式，即式 (1 - 3)，此时，$E_0=37.4\text{MPa}$，则每个土弹簧的刚度系数为

$$k=\frac{F}{\Delta}=\frac{dE_0}{(1-\mu^2)\times\omega}=38055\text{kN/m}^2$$

经以上增量法计算，得到桩的水平侧向变形如图 5 - 4(*b*) 所示。此时的桩顶水平位移约为 2.7cm，高于实测值 92.8%。

采用 “*m*” 法计算该护坡桩的水平侧向变形，得到桩顶的水平侧向变形为 4.3cm，如图 5 - 4(*c*) 所示，高于实测值 210%。

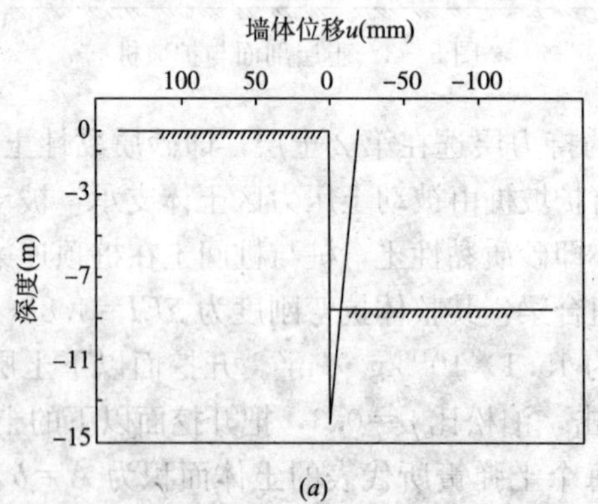

(*a*)

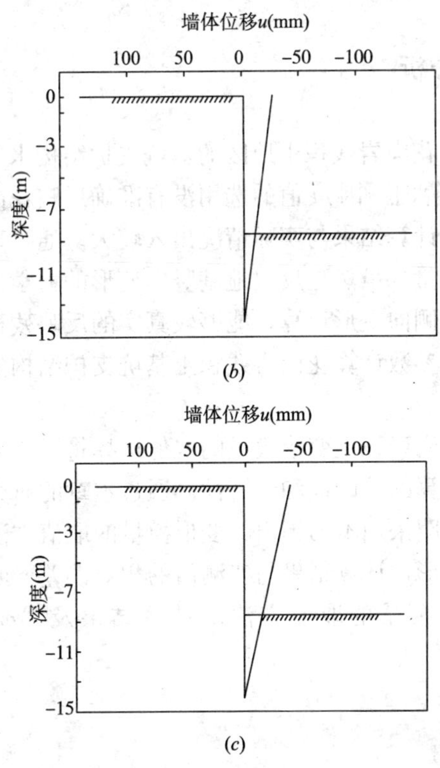

图 5-4 桩身位移图

（a）本书变形模量取值方法的计算结果；（b）广东地区变形模量取值方法的计算结果；（c）"m"法的计算结果

通过以上分析表明，使用变形模量计算花岗岩残积土支护结构的水平侧向变形较"m"法，更能反映花岗岩残积土的本质特性，计算更加合理。本书提出的花岗岩残积土变形模量取值方法考虑了残积土的土体类别、颗粒含量等因素对支护桩的影响，与广东地区现有的变形模量取值方法相比，其计算结果更准确、经济，同时保证了安全性。

5.6　结果分析

（1）现行花岗岩残积土地区的基坑支护结构水平侧向变形使用“m”法计算时，因 m 值的选用没有准确反映花岗岩残积土的土体特性，使计算结果与实际情况出入较大。通过现场原位试验得到的变形模量，虽然是反映地基竖向变形的力学指标，但用于支护结构水平侧向变形计算，能够较真实的反映残积土的工程特性，以此作为参数计算花岗岩残积土基坑支护结构的水平侧向位移更合理。

（2）花岗岩残积土变形模量的取值选择将影响支护结构的水平侧向变形计算的准确性和经济性。通过本章的研究及对工程实例的分析，表明采用本书提出的变形模量的取值方法计算支护桩的水平侧向变形，计算结果与实测值的相对误差要明显小于现有广东地区变形模量的取值方法的计算结果及“m”法的计算结果。

第 6 章 花岗岩残积土地基的桩基工程分析

6.1 概述

建筑桩基础常规的设计方法，是将上部荷载全部由桩承担，而不考虑承台下地基土的承载作用，加之如果对桩—土的共同作用考虑不够，在设计上往往会盲目增加桩的用量，造成比较严重的浪费。

近年来，承台下地基土分担荷载的可能性已为大量的工程实践及现场试验所证实，即桩—土共同作用的客观存在。此外，就花岗岩残积土而言，由于其在天然状态下具有良好的工程特性，在基础变形沉降控制满足要求的前提下，若利用其变形模量较大的特点，充分挖掘桩的端阻力与侧阻力，就能提高单桩的承载力。在桩基础设计中，合理利用上述花岗岩残积土的两个特点，就可以达到节约工程造价的目的。

随着工程建设和工业技术的发展，在花岗岩残积土地区，桩的端阻力与侧阻力相互作用与协调、桩土共同作用、桩基设计计算等取得了不少研究成果。然而，由于花岗岩残积土的特殊性，以及桩与土共同作用的复杂性，迄今为止，残积土地区桩土共同作用、桩基承载力的充分发挥及桩基计算的理论方法等方面仍然不够完善，本章对此进行分析。

6.2 花岗岩残积土变形模量对桩基承载力的影响

通常桩的端阻力与侧阻力均与桩端土的变形模量有关。桩端土变形模量愈大，桩端阻力与侧阻力愈大，单桩承载力就愈高。

针对花岗岩残积土变形模量较大的特点，在确定单桩承载力的过程中，若不考虑残积土变形模量的影响，仅按工程地质报告或规范公式查表，计算所得的承载力结果将偏低，致使桩数增加，造成经济浪费。

广东省地方标准《建筑地基基础设计规范》DBJ 15—31—2003 中规定，桩基设计时，单桩竖向承载力特征值可按下式估算：

$$R_a = q_{pa} A_p + u_p \sum q_{sia} l_i \tag{6-1}$$

式中　R_a——单桩竖向承载力特征值；

q_{pa}、q_{sia}——桩端端阻力、桩侧阻力特征值，无试验参数时可查表取值；

A_p——桩底端横截面面积；

u_p——桩身周边长度；

l_i——第 i 层土的厚度。

在利用公式（6-1）进行设计时，相关规范并未给出花岗岩残积土的桩端端阻力特征值 q_{pa} 和桩侧阻力特征值 q_{sia}。如果按照规范提供的一般土查表计算残积土地基单桩竖向承载力特征值，所得结果往往偏低。若按此进行设计将使本来可以以残积土层为持力层的桩基必须选择以基岩为持力层。因而使设计桩数增加，施工难度增大，造成经济浪费。

1. 花岗岩残积土变形模量对桩端阻力的影响

单桩极限承载力 Q_u 由极限端阻力 Q_{pu} 与极限侧阻力 Q_{su} 组成。如不考虑两者之间的相互影响，Q_u 可表示为两者之和：

$$Q_u = Q_{pu} + Q_{su} \tag{6-2}$$

魏西克（1975）提出了桩基极限端阻力 q_{pu} 的计算公式，如下式所示

$$q_{pu} = cN_c + \bar{p}N_q \tag{6-3}$$

式中 $\bar{p}$ 为桩端平面外侧的平均竖向压力。且

$$\bar{p} = \frac{1+2K_0}{3} rh \tag{6-4}$$

其中

$$N_{\mathrm{q}}=\frac{3}{3-\sin\varphi}e^{\left(\frac{\pi}{2}-\varphi\right)\mathrm{tg}\varphi}\cdot\tan^{2}\left(\frac{\pi}{4}+\frac{\varphi}{2}\right)\cdot I_{\mathrm{rr}}\cdot\frac{4\sin\varphi}{3(1-\sin\varphi)} \tag{6-5}$$

$$N_{\mathrm{c}}=(N_{\mathrm{q}}-1)\cot\varphi \tag{6-6}$$

式中 K_0——土的静止侧压力系数；

I_{rr}——修正刚度系数。

$$I_{\mathrm{rr}}=\frac{I_{\mathrm{r}}}{1+I_{\mathrm{r}}\Delta} \tag{6-7}$$

式中 Δ——塑性区内土体的平均体积变形；

I_{r}——刚度系数，按下式计算

$$I_{\mathrm{r}}=\frac{G_{\mathrm{s}}}{c+\bar{p}\tan\varphi}=\frac{E_0}{2(1+\mu)\cdot(c+\bar{p}\tan\varphi)} \tag{6-8}$$

式中 μ——土的泊松比；

G_{s}——土的剪切模量；

E_0——土的变形模量。

由式（6-2）～式（6-8）可知，桩端土的变形模量对桩端阻力有较大影响。当桩端土的土质条件改善，土的工程特性提高，土的变形模量 E_0 随之提高，桩的极限端阻力也会相应提高。因此，桩端阻力与桩端土的变形模量有关，持力层土的变形模量愈大，桩端所能承担的由上部传下来的荷载愈大，桩端阻力愈大。

对于花岗岩残积土而言，其变形模量较大，因此能提供给桩较高的桩端阻力，如表 6-1 所示。当花岗岩残积土作为桩端土时，所提供的极限桩端阻力要高于式（6-1）的计算值。

花岗岩残积土桩端阻力 q_{p} 和桩侧阻力 q_{s}　　表 6-1

花岗岩残积土	预制桩、沉管灌注桩		挖孔灌注桩		泥浆护壁钻孔灌注桩	
	q_{s}(kPa)	q_{p}(kPa)	q_{s}(kPa)	q_{p}(kPa)	q_{s}(kPa)	q_{p}(kPa)
砾质黏性土	35～50	1800～2800	35～45	900～1400	30～40	540～840
砂质黏性土	30～45	1600～2600	30～40	800～1200	25～35	480～800

续表

花岗岩残积土	预制桩、沉管灌注桩		挖孔灌注桩		泥浆护壁钻孔灌注桩	
	q_s(kPa)	q_p(kPa)	q_s(kPa)	q_p(kPa)	q_s(kPa)	q_p(kPa)
黏性土	25～40	1400～2300	25～35	700～1000	20～30	420～620
一般黏性土	18～25	1000～1500	20～32	600～750	14～24	350～450

注：1. 预制桩，锤击沉管灌注桩入土深度≥10m，钻孔灌注桩入土深度≥15m；
2. 表中范围值随土的液性指数 I_L 变化而变化；
3. 挖孔灌注桩孔底浮土须清除干净，钻孔灌注桩孔底沉渣厚度须≤100mm，且钻孔灌注桩须翻浆良好，桩体周围不产生软弱泥皮。

2. 花岗岩残积土变形模量对桩侧阻力的影响

20 世纪 70 年代的一些试验资料表明，不同刚度桩端持力层单桩所测得的桩侧阻力不同，桩端持力层刚度愈大——变形模量 E_0 愈大，其桩侧阻力愈大；反之，则愈小。90 年代以来，一些单位也相继从模型试验和原位试验中得到类似的结果。这表明，土的变形模量同样对桩侧阻力具有影响。

表 6－2 为两组不同桩端条件下的静载试验结果。试验时，先使桩端悬空进行静载荷试验，然后再利用灌浆的方法用水泥浆将桩端填实，再进行静载荷试验。

不同桩端条件下桩的静载试验结果　　表 6－2

桩号	桩长(m)	桩径(m)	桩端土层	试验条件	极限承载力(kN)	平均极限侧阻力(kPa)	极限端阻力(kPa)
1	11.7	0.8	微风化岩层	空底	3200	130	0
	5.0			实底	7600	155	7650
2	25.0	0.8	密实砾砂	空底	5000	72	0
	0			实底	6400	80	781

从表 6－2 可知，无论是 1 号桩还是 2 号桩，实底时桩的平均极限侧阻力都比空底时有所提高，1 号桩提高了 19.12%，2 号桩提高了 11.11%。桩侧阻力提高幅度上的这种差异，显然是由于桩端土层性质的不同而引起的，即桩端土层的变形模量愈大，强度愈高，侧阻力提高的幅值就愈大；桩端土层的变形模量愈小，强度愈低，侧阻力提高的幅值就愈小。

由相关土体的静载试验及深圳花岗岩残积土地区的一些试桩试验可知，通过试桩所得花岗岩残积土桩侧阻力要比工程地质报告中提供的桩侧阻力大11%～23%。

由以上的分析可知，花岗岩残积土作为桩基持力层，其变形模量较大，若考虑变形模量的影响，所得桩端阻力及桩侧阻力较工程地质报告或按规范查表大很多，故可提高单桩承载力。表6-1同样给出了花岗岩残积土与一般黏性土不同桩型的桩端阻力 q_p 和桩侧阻力 q_s 的比较。

表6-3给出了花岗岩残积土地区部分工程试桩所得单桩承载力与工程地质报告提供或式（6-1）计算所得的单桩承载力的比较。

花岗岩残积土单桩承载力的比较　　　　表6-3

工程名称	桩端土质	试桩后所得单桩承载力（kN）	地质报告提供或式（6-1）计算所得单桩承载力（kN）
深圳市赛格三星某扩建工厂工程	花岗岩残积土	2200	1500
广州市港口某综合楼	花岗岩残积土	1900	1300
中山市某科技有限公司大厦	花岗岩残积土	1800	1400
东莞市某商住楼	花岗岩残积土	2100	1400
中国航空公司深圳某大厦	花岗岩残积土	2400	1600

由表6-3可知，当考虑花岗岩残积土变形模量的影响，经试桩所得的单桩承载力比工程地质报告提供或式（6-1）计算所得的单桩承载力大20%～40%。由于单桩承载力的增加，可使以往必须以基岩为持力层的桩基可直接支撑在花岗岩残积土上。

花岗岩残积土桩基数量一般可由下式确定：

$$n=Q_p/Q_u \tag{6-9}$$

式中　Q_p——桩基所承受荷载，一般为上部建筑传下的荷载减去地基土所承担荷载（kN）；

Q_u——单桩极限承载力（kN）；

n——桩基数量。

当考虑变形模量的影响，花岗岩残积土的单桩承载力提高20%～40%，所以经式（6－9）计算，桩基数量大约可减少20%。

由此可知，花岗岩残积土变形模量对桩基承载力有较大影响，当考虑残积土变形模量的影响时，桩端阻力及桩侧阻力都有较大的提高，进而使单桩承载力得到较大提高。以往必须以基岩为持力层的桩基现在可以直接支撑在花岗岩残积土上，更重要的是使桩基数量大大减少，桩基设计得到优化。

3. 工程实例

“新世界工程”位于珠海市拱北迎宾大道与粤海路交汇处的西北侧，是一座以办公为主的综合大楼，主楼高 28 层，副楼高 12 层，设一层地下室，总建筑面积约 8 万 m^2，主楼为钢筋混凝土框架筒体结构，副楼为钢筋混凝土框架剪力墙结构。场地的工程地质条件较为复杂，强风化花岗岩顶面的埋深在 32～47m 之间，岩层上花岗岩残积土层的厚度达 30m 左右，残积土内含有较多孤石和石英岩脉，地下水位较高，含水量丰富，典型的工程地质剖面及土体物理性质指标如表 6－4 所示。

由于花岗岩残积土层较厚，且残积土内孤石、石英岩脉较丰富，若将桩基持力层选在基岩上，桩长可能超过 40m，与将残积土作为持力层相比，经济损失可达几千万元，而且在施工上处理孤石问题遇到较大困难，工期和质量都难以保证。最后，考虑到本工程中花岗岩残积土层变形模量大、强度高的特点，将花岗岩残积土层作为桩基的持力层。

通过对地基的沉降计算，表明地基沉降满足要求，而花岗岩残积土的地基承载力也同样满足规范要求。亟待确定的是桩基的承载力是否也满足要求，即花岗岩残积土能否提供给桩基足够的承载力。

工程地质剖面及土体物理性质指标 表 6-4

土层编号	土层名称	土层底面埋深(m)	土层状态	土层特点	承载力标准值 f_k(kPa)	压缩模量 E_s(kPa)	内摩擦角 φ(°)	黏聚力 c(kPa)	桩周土侧阻力标准值 q_s(kPa)	桩端土承载力标准值 q_p(kPa)	标贯值 N
①	人工填土	2.0	松散	—	—	—	—	—	—	—	—
②	中粗砂	3.0	松散	—	130	—	26.0	0	15	—	4～13
③	黏土	4.2	含砂20%	—	160	4.0	14.5	30	20	—	6～19
④	粗砾砂	6.2	松散	—	180		30.0	0	30	—	5～14
⑤	砾质残积黏土	21.8	可塑～硬塑	含砾砂20%～30%含石英脉	200	6.0	15.0	20	30 25	2000(打入式) 600(人工挖孔) 400(灌注桩)	5～37
⑥	砾质残积粉质黏土	35.0	硬塑～坚硬	含砾砂30%～40%含孤石	250	10.0	20.0	25	45 35	2400(打入式) 900(人工挖孔) 600(灌注桩)	29～70
⑦	花岗岩(强风化)	38.0	—	含孤石	500	—	—	—	60 40	2700 2500 2300	—
⑧	花岗岩(中风化)	44.0	—	—	1500	—	—	—	—	5000	—
⑨	花岗岩(微风化)	—	—	—	4000	—	—	—	—	8000	—

根据经济合理的用桩原则，由桩体材料确定的单桩承载能力应与由地基土确定的单桩承载能力相匹配。再根据施工单位的打桩能力、地区经验和适当留有余地等，且考虑地基土变形模量的影响，得出单桩承载能力不低于 2100kN，这样才能使由群桩提供的地基承载能力达到 450～500kPa，即可满足上部建筑对地基承载能力的要求。根据工程地质报告和现行规范进行试算，如果桩长控制在 20m 以内，那么按规范公式计算的单桩承载力只有 1500kN 左右；如果桩的侧阻力按工程地质报告取用，那么桩端阻力就要比工程地质报告提供的大一倍以上，才能使单桩承载力达到 2100kN。根据规范，且考虑花岗岩残积土变形模量的影响，本工程的单桩承载力必须通过试桩验证。为此，先打了 6 根试桩，并用大应变动测确定了终止打桩标准。动测表明：用 Q=46kN 以上的柴油打桩机，完全可以达到单桩承载能力不低于 2100kN 的要求。对动测检验后的试桩在休止一个月后再做静载试桩，试桩的结果如图 6-1 所示。静载试验时，由于荷载准备量不足，加载未达到极限状态，单桩允许承载力均可达到 2100kN 以上。由静力试桩反算的桩端阻力 q_p 可达到 5900kPa 左右，比工程地质报告中提供的 q_p＝2400kPa 大了 2.5 倍。表

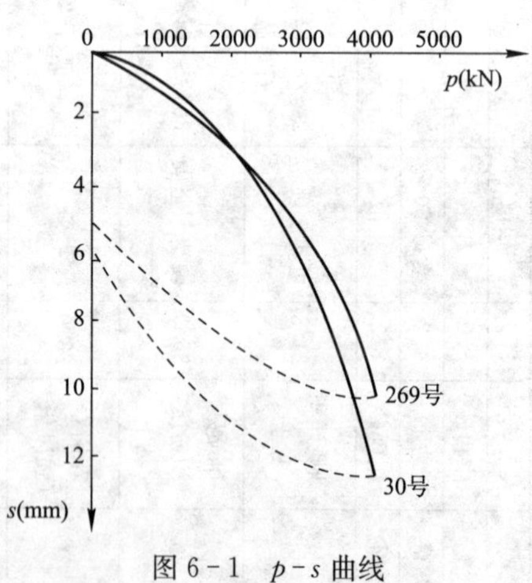

图 6-1　p-s 曲线

明坚硬状态的花岗岩残积土的承载力潜力较大，通过选择合理的桩型，并经过试桩后，科学的利用该土层的承载潜力是可能的，可以收到巨大的经济效益，并可为施工单位简化施工、加快工期。

通过以上实例分析可知，利用花岗岩残积土良好的工程特性，充分考虑花岗岩残积土变形模量的影响，可以有效的提高桩基的桩端阻力及桩侧阻力，从而提高桩基的承载力，以节省桩长及桩数，降低工程造价。

6.3 花岗岩残积土中桩与土的共同作用

1. 桩土共同作用原理

在建筑工程的桩基础设计中，通常只考虑由桩承担上部荷载，而不考虑承台下土体的地基承载力。若能考虑桩与土体的共同作用，充分发挥土体天然地基承载力，既可缩短桩长，也可减少桩数，具有良好的经济效益。

东南沿海地区的花岗岩残积土具有天然状态下强度高、压缩性低等特点，在高层建筑的地基基础设计中，如能考虑花岗岩残积土天然状态下的工程特点，运用桩土共同作用原理，将大大节省用桩数量。

在花岗岩残积土地区，桩土共同作用主要通过复合桩基来实现。由于花岗岩残积土工程特性良好，变形模量较大，强度较高，可根据变形控制或承载力控制的设计原则，通过桩土共同作用，打入少量桩仅仅为了弥补地基沉降或承载力的不足。

复合桩基础设计概念的适用条件为：桩顶荷载在达到极限时，桩能保持承载力不下降，并向土中刺入足够的距离。只有也仅需这样，土体才能保证真正的与桩共同工作，保证桩土共同作用的极限状态的实现，从而确保桩基础承载力的安全储备。

复合桩基础的设计概念要求：

(1) 复合桩基础要进行沉降验算，使基础的最终平均沉降小于规范的限值；

（2）复合桩基础要按下式进行基础承载力的验算：

$$N+G\leqslant\frac{1}{K}(A\cdot f_u+n\cdot Q_u) \quad (6-10)$$

式中 $N+G$——传到基础底面的所有荷载；

K——总安全系数，$K\geqslant2.0$；

A——基础底面积（扣除桩顶面积）；

f_u——基底土层的极限承载力；

n——桩的数量（根）；

Q_u——单桩极限承载力。

2. 桩土共同作用实践应用

厦门市嘉益大厦由两栋对称布置的 30 层住宅组成。其下部通过两层地下室和三层裙房连成整体，裙房与地下室的外包尺寸一致。

嘉易大厦地下室占地面积为 3200m^2，宽 41.4m、长 81.4m。其中两栋主楼的投影面积总计为 1560m^2。地面±0.00 以上建筑物设缝断开。建筑物总高度为 94m，地下室埋深 10.5m。建筑物概况如图 6-2 所示。

1）地层结构

本工程场地地质条件异常复杂，分别于 1992 年和 1994 年进行过两次详细勘察。现根据两次勘察报告和试验资料，对本工程场地地层结构做简单描述。

该场地地层自上而下为：人工填土，新近冲积层，海积层，冲积粉质黏土层和坡积黏土层，以上各地层总厚 1.2～9.1m，均在地下室基坑开挖深度之内。

第六层为花岗岩残积土层，为桩基础的持力层，该层埋藏深度 1.2～9.1m，总厚 36.3～58.9m。系由花岗岩原地风化而成，呈褐黄、紫红夹灰白色，褐灰色，可辨原岩结构，残留石英颗粒10%～20%，局部高达 40%～50%。根据野外土芯状态、原位测试结果及室内土工试验结果进行综合分析，将该土

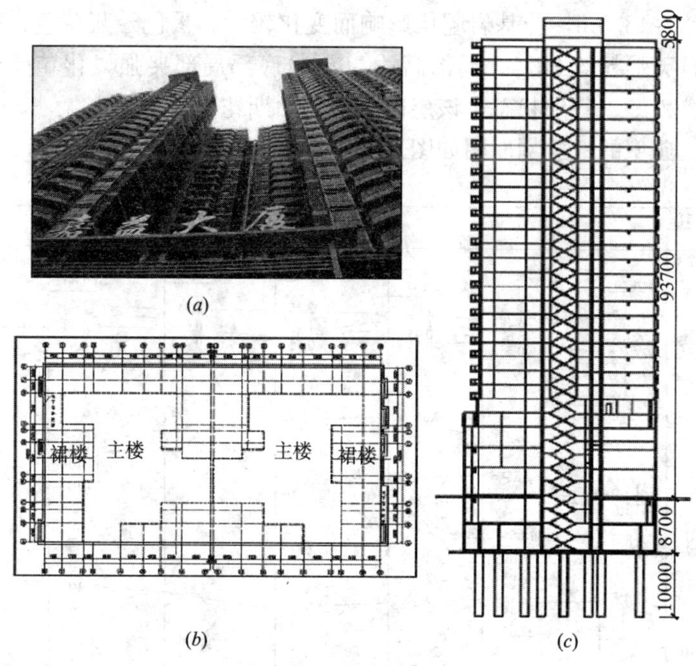

(a)

(b)

(c)

图 6-2　嘉益大厦概况

(a) 外观图；(b) 平面图；(c) 剖面图

层按物理力学性质进一步划分为 A、B、C 三个亚层，其土质相对关系为 C 亚层相对较好，B 亚层次之，A 亚层相对较差。总的变化规律为土层随深度增加而逐渐变好，但也有一些特殊变化。分述如下：

A 亚层：位于残积土顶部，其绝大部分位于深度 15m 以内，厚 3.5～27.0m，一般厚约 10m。褐黄夹灰白色，残留石英颗粒约 20%，局部达 30%，稍湿，可塑～硬塑状态；

B 亚层：位于残积土中部，A 亚层之下，大多数位于 15～30m 深度范围内，厚 2.1～22.7m，一般厚度为 15m，局部较薄。褐色～灰白色，残留石英颗粒约 30%，局部高达 40%。稍湿，硬塑～坚硬状态；

C 亚层：位于残积层的底部，多数位于 30m 深度下，厚

15.0～43.5m，受基岩起伏影响而变化较大。褐色～灰黄色，残留石英颗粒约 20%，局部高达 50%。底部局部夹强风化花岗岩块。稍湿、坚硬状态。该层以下为燕山期花岗岩层。

典型的地质剖面图如图 6－3 所示。

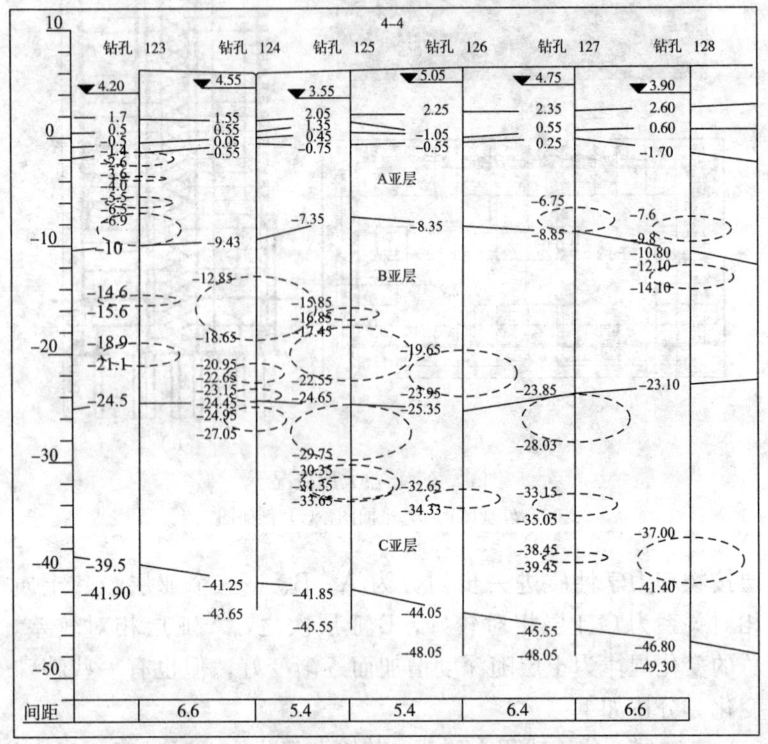

图 6－3　嘉益大厦工程地质剖面图（4－4）

2）岩土层物理力学指标

该工程主要受力土层基本物理力学指标综合对比（综合两次勘察报告和原位试验）如表 6－5 所示。

主要物理力学指标综合对比　　表 6-5

土体指标	花岗岩残积砂质黏性土		
	A亚层	B亚层	C亚层
天然重度 γ(kN/m^3)	18.5	19.4	19.9
天然含水量 w(%)	30	25	20
液性指数 I_L	0.12	0.10	0.01
标贯击数 N	13	30	52
天然孔隙比 e	0.895	0.743	0.631
变形模量 E_0(MPa)	12	25	38
旁压模量 E_m(MPa)	14.1	34.8	76.1
压缩模量 E_{S1-3}(MPa)	5.4	6.2	7.0
E_{S3-5}(MPa)	8.5	10	11
E_{S5-7}(MPa)	11.8	14	16
极限压力 P_l(kPa)	1088	2163	3668
临塑压力 P_f(kPa)	467	938	1590
承载力 f_k(kPa)	250	300	400

3）上部结构荷载

嘉益大厦主楼为30层住宅，有三层满布裙房。计算到基础筏板表面，主楼荷载的标准组合总值为1007884.6kN，裙房的标准组合总值为878233.0kN，基础底面标高处的自重应力为104kPa，经计算得到上部结构荷载为536.47kPa，亦即地基土所承担荷载。

4）天然地基承载力

根据《建筑地基基础设计规范》GB 50007—2002的地基承载力计算公式并结合几种现场原位试验，即可得出地基承载力特征值，现逐一叙述如下：

(1) 按《建筑地基基础设计规范》GB 50007—2002进行深、宽修正计算

$$f_a = f_{ak} + \eta_b \gamma (b-3) + \eta_d \gamma_m (d-0.5) \tag{6-11}$$

式中　f_a——修正后的地基承载力特征值；

f_{ak}——地基承载力特征值，按表 6-5 确定，为 250kPa；

η_b、η_d——基础宽度和埋深的地基承载力修正系数，按基底下土的类别查表；

γ——基础底面以下土的重度，地下水以下取浮重度；

b——基础底面宽度（m），当基宽小于 3m 按 3m 取值，大于 6m 按 6m 取值；

γ_m——基础底面以上土的加权平均重度，地下水位以下取浮重度；此时取 11.1kN/m^3；

d——基础埋置深度（m），一般自室外地面标高算起。

在填方整平地区，可自填土地面标高算起，但填土在上部结构施工完成时，应从天然地面标高算起。对于地下室，如采用箱形基础或筏形基础时，基础埋置深度自室外地面标高算起；当采用独立基础或条形基础时，应从室内地面标高算起。

深宽修正系数 η_b、η_d 与土层特性有关，根据《深圳地区建筑地基基础设计试行规程》SJG 1—88 中对于花岗岩残积土的规定，取 $\eta_b=1.0$、$\eta_d=1.5$，可得 $f_a=424$kPa；而根据厦门地区对于花岗岩残积土的经验，取 $\eta_b=0.3$、$\eta_d=1.6$，可得 $f_a=416$kPa。二者计算结果相近。

下面通过几种现场原位试验所得地基承载力特征值与以上计算值进行比较。

（2）现场原位试验

① 深层螺旋板载荷试验

《建筑地基基础设计规范》GB 50007—2002 推荐采用深层载荷板试验，依照规范本工程共进行了 5 个点的螺旋板载荷试验（螺旋板 1、2、3 面积为 0.01m^2，螺旋板 5、6 面积为 0.02m^2，板底标高为 −6.8m），试验结果如图 6-4 所示。

根据上述试验结果可以得到地基承载力特征值，整理后如表 6-6 所示。

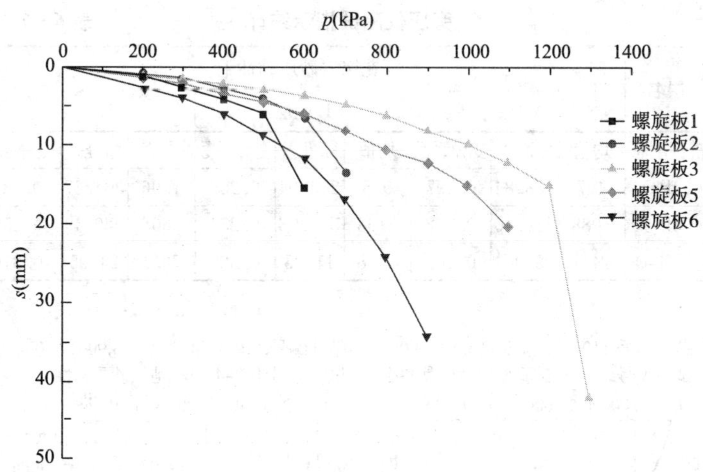

图 6-4 螺旋板试验结果

螺旋板试验结果分析 **表 6-6**

试验点号	极限压力 p_u(kPa)	承载力特征值(1/2 极限压力) f_{ak}(kPa)	比例界限压力 p_0(kPa)	变形模量 E_0(MPa)	备注
Z_1	>600	>300	—	10.1	E_0计算公式：$E_0=\omega pd/s$
Z_2	>700	>350	300	10.8	
Z_3	1200	600	400	9.0	
Z_5	>1100	>550	300	5.4	
Z_6	>900	>450	—	11.7	

若以极限承载力来确定地基承载力特征值，则接近基底深度处的承载力特征值的平均值应大于 450kPa。

② 旁压试验

本工程共进行了 181 个点的旁压试验，其试验结果统计和典型试验曲线分别如表 6-7 和图 6-5 所示。

基础底面落在 A 亚层上，p_f的平均值为 467kPa。按旁压试验值经验公式 PY 型预钻式旁压试验规程 JGJ 69—90：

$$f_{ak}=p_f-0.6q_0=467-0.6\times65=428\text{kPa}$$

旁压仪测试指示统计　　　　表 6-7

土层名	花岗岩砂质黏性土								
	A 亚层			B 亚层			C 亚层		
统计指标	均值	标准差	变异系数	均值	标准差	变异系数	均值	标准差	变异系数
p_f(kPa)	467	138.84	0.297	938	243.04	0.259	1596	204.67	0.185
p_l(kPa)	1088	219.40	0.202	2163	549.98	0.254	3668	929.49	0.253
E_m(MPa)	14.1	2.96	0.209	34.8	11.35	0.327	76.1	24.05	0.316

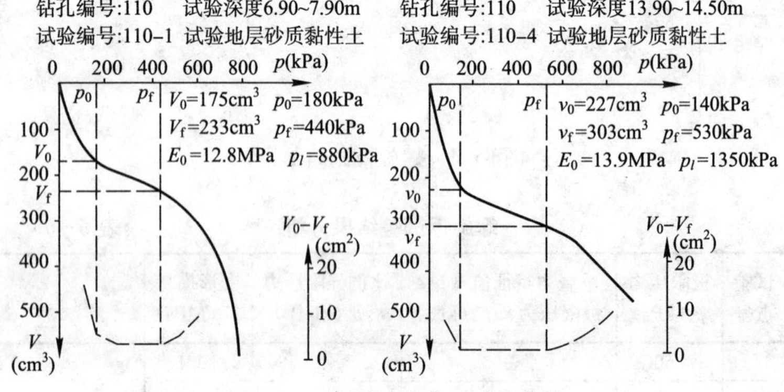

图 6-5　旁压试验典型试验曲线

③ 标贯试验

本工程对拟建场地 6 个点钻探施工并进行标贯试验，整个试验自揭露残积层（基底持力层）起每米做一次标贯试验，得出的规律为随深度的增大，标贯击数不断增大（图 6-6）。表 6-8 为结合勘察报告和 2002 年补充试验得出的标贯基础平均值。

若按经验公式：$f_k=9.4N^{1.2}+72$ 进行计算，可求得 A 亚层的地基土承载力特征值为 276kPa。按《岩土工程技术规范》DB 29—20—2000 的规定，N 值要乘以触探杆长的修正系数 0.89，则 $N^1=0.89\times13=11.57$。使用内插法查表得粉土、黏性土承载力的基本值 $f_0=293$kPa。所得结果偏小。

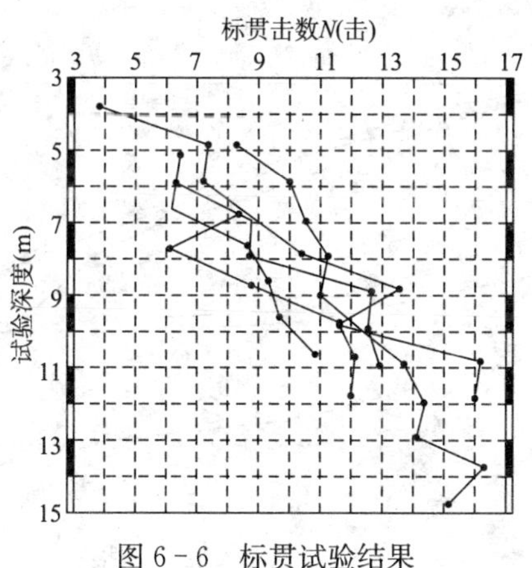

图 6-6 标贯试验结果

标贯试验统计结果 **表 6-8**

土层名	花岗岩砂质黏性土								
	A 亚层			B 亚层			C 亚层		
统计指标	均值	标准差	变异系数	均值	标准差	变异系数	均值	标准差	变异系数
N（击）	13	4.25	0.324	21	3.34	0.156	32	5.22	0.161

④ 平板载荷试验

本工程对地基土进行了平板载荷试验，压板尺寸为 1m×1m 的方形平板，板底标高为－0.9m，3 个点的平板载荷试验数据如图 6-7 所示。

由图 6-7 可知，在接近基底深度处的花岗岩残积土承载力的极限值应大于 800kPa，取基底承载力极限值不小于 800kPa 是偏于安全的，即取地基承载力特征值不小于 400kPa。

结合现场原位试验的结果，并与天然地基承载力的计算值进行比对，可取地基承载力特征值为 400kPa，均小于地基土所承担的荷载 536.47kPa。可知地基承载力并不满足要求。

5）基础形式的选择

鉴于以上的计算，如果基础方案使用天然地基，虽然花岗岩残积土在没有扰动的情况下，具有较高的变形模量，沉降要求可

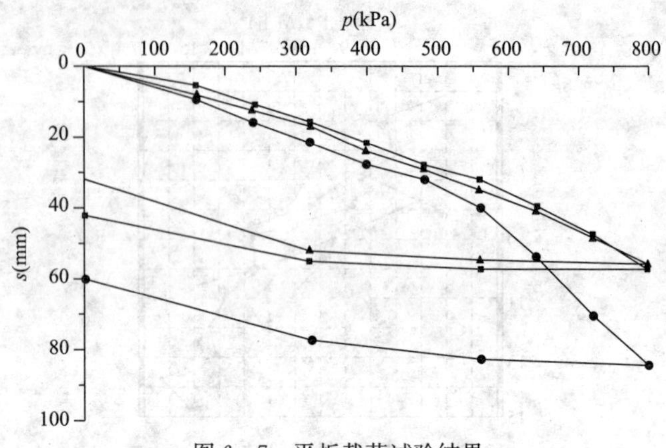

图 6－7　平板载荷试验结果

以满足。但勘察报告提出的承载力特征值为 250kPa，经修正后的承载力特征值为 400kPa，而实际需要承担的上部荷载为 536kPa，其地基承载力条件是不满足的。

若选用桩基且将基岩作为基础持力层，不仅桩长超过 30m，而且桩的数量也会较大，造成极大的经济浪费。又由于在花岗岩残积土层存在很多尚未风化完全的孤石，若将桩作用在基岩上，将会给施工带来极大的难度。

最后，根据桩基础变形控制条件，采用人工挖孔灌注桩的复合地基。鉴于本工程有两层地下室，通过深、宽修正，利用桩土共同作用，放大地基土承载力值，同时考虑底板的应力扩散，减小了板底的平均压力，使天然地基能承担绝大部分的上部结构荷载，不足部分，由主楼下引入少量的桩来承担。由于花岗岩残积土具有较高的变形模量，天然地基完全满足其沉降变形要求。

3. 根据桩土共同作用原理，验算复合桩基础的沉降

主楼的荷载通过地下室和基础向主楼周围的基础扩散。由前文可知，如不扩散，主楼下基底压力为 611kPa；如考虑均匀扩散到整个基础，则主楼下基底压力为 363.46kPa。本次设计考虑将主楼荷载的作用范围仅向外扩大 1.5m，$A=1893\text{m}^2$，这是偏于保守的。扩大后主楼基础底面的平均压力经计算可得$\sigma=466.84\text{kPa}$，板自重和活荷载取 48.50kPa，浮力取－75.00kPa,可得平均压力 σ=451.34kPa。工程场地基底标高处的自重应力取为 $\sigma_z=104$kPa，最终沉降时的基底附加有效压力为 $p_0=451.34-104=347.43$kPa。

以下通过几种方法计算复合地基的沉降。

1）分层总和法

按照《建筑地基基础设计规范》GB 50007—2002 规定进行分层总和法计算，根据深圳和厦门花岗岩残积土的工程经验，计算参数采用变形模量，得

$$s=\psi_s\sum_{i=1}^{n}\frac{p_0}{E_{0i}}(z_i\bar{\alpha}_i-z_{i-1}\bar{\alpha}_{i-1}) \tag{6-12}$$

式（6－12）中取附加应力 $p_0=347$kPa，取一栋主楼进行计算 $L/B=1$，$B=40$m，$Z_n=25$m。其他数据如表 6－9 所示。

嘉益大厦沉降计算资料略表　　表 6－9

地基土	厚度（m）	z_i	z_i/B	E_0(MPa)	$\bar{\alpha}_i$	$z_i\bar{\alpha}_i$	$\Delta z_i\bar{\alpha}_i$	Δ/E_0
A 亚层	5.85	5.85	0.141	12	0.9929	5.808	5.808	0.484
B 亚层	15.00	20.85	0.50	25	0.9000	18.765	12.957	0.518
C 亚层	4.15	25.00	0.625	38	0.8475	21.88	2.423	0.064
$\sum$								1.066

经计算，基础中心的沉降：$s=p_0\times1.066=392$mm，经验系数 Ψ_s 取为 0.2，则基础中心的最终沉降为 78.4mm。

2）按旁压模量直接估算（Menard）

最终沉降 s(cm）估算公式

$$s=\frac{q'}{E_m}\cdot f \tag{6-13}$$

式（6－13）中取 $q'=347$kPa，$f\approx260$cm，E_m分别按 $2b$ 深内平均值（按应力面积）和 25m 深内平均值（按应力面积）取值。则 E_m 可取为 23～43MPa，以此算得天然地基的最终沉降 $s\approx30\sim50$mm。

3）按简化修正实体深基础方法计算沉降

沉降计算公式

$$s=\Psi \cdot \Psi_{e} \cdot \frac{p_0}{E_s}\left(\frac{z_n}{2}+\frac{b}{8}\right) \tag{6-14}$$

取单栋建筑计算，只考虑基础底板引起的沉降，忽略桩能减少沉降的作用，则其中 $p_0=347\text{kPa}$，$Z_n=25\text{m}$，$b=33.4$，$\Psi=1.0$，$\Psi_e=0.521$，$\bar{E}_s$ 分别按表 6－10 取值，并代入式（6－14）。

按 $\bar{E}_s$ 取值所得沉降值表　　表 6－10

常规方法按 E_{s5-7} 取		2.2n	经验法			旁压仪	
			$5E_s$	$7E_s$	$10E_s$	$\alpha=1/3$	$\alpha=1/4$
$\bar{E}_s$(MPa)	14.9	56.3	74.5	104.3	149	157.1	210
s(mm)	194	52	40	28	20	19	16

比较以上计算结果可以看出，本工程的计算沉降约为 2～5cm。

在本工程中，建筑物封顶时实测平均沉降为 27mm，竣工 1.5 年后的实测平均沉降为 37mm（目前建筑物沉降已经收敛），图 6－8 为建筑物实测沉降曲线图。

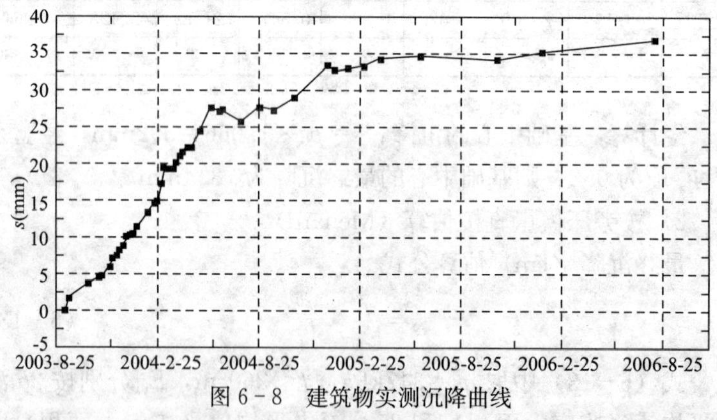

图 6－8　建筑物实测沉降曲线

通过以上的计算可知，不考虑桩减少沉降的作用，仅天然地基也能满足基础沉降的要求，说明在这个工程中沉降条件是很宽松的。

4. 根据桩土共同作用原理，验算复合桩基础的承载力

本工程采用 $\phi 900$ 人工挖孔桩，衬砌厚度 150mm，实际桩径 1200mm，桩长 10m。

单桩极限承载力

$$Q_u = \pi \times 1.2 \times (5.25 \times 45 + 4.75 \times 50) + \pi/4 \times 1.2 \times 1.2 \times 1800 = 3820\text{kN}$$

依据平板载荷试验，可以认为筏板底面处地基土的承载力极限值不小于 800kPa。

将有关计算值代入式（6－10），得

$$N + G \leqslant \frac{1}{K}(A \cdot f_u + n \cdot Q_u) \Rightarrow$$

$$451.34 \times 1893 \leqslant 1/2 \times (1893 \times 800 + n \times 3820)$$

求得用桩数 $n \geqslant 50.88$。

以上单桩极限承载力也是偏于保守的，实际上部分桩将成为支撑于大孤石上的端承桩，极限承载力远不止 3820kN。因此考虑到上述因素，尽量减少桩基础施工对花岗岩残积土的扰动，并按柱网和实际布置需要，确定实际布桩为 65 根，基础底板厚度取为 1.60m，其上有 300mm 厚的滤水层，具体布桩方法见图 6－9。

利用桩土共同作用，采用复合桩基础，大大减少了桩长和桩数。不仅可以减少主楼和裙房的差异沉降，还减少了底板中的弯矩，使基础底板的厚度和配筋都可以进一步减少。

通过对厦门嘉益大厦基础工程的分析，可知利用桩土共同作用，将花岗岩残积土作为桩基持力层，采用复合地基，不仅在承载力和沉降上均满足了设计要求，而且减少了桩数，仅打了 65 根桩。这样不仅大大的节约了资金，而且降低了施工难度。

由 6.2 节和 6.3 节的分析可以看出，当考虑花岗岩残积土变形模量的影响及桩土共同作用时，可使桩基设计得到两次优化。

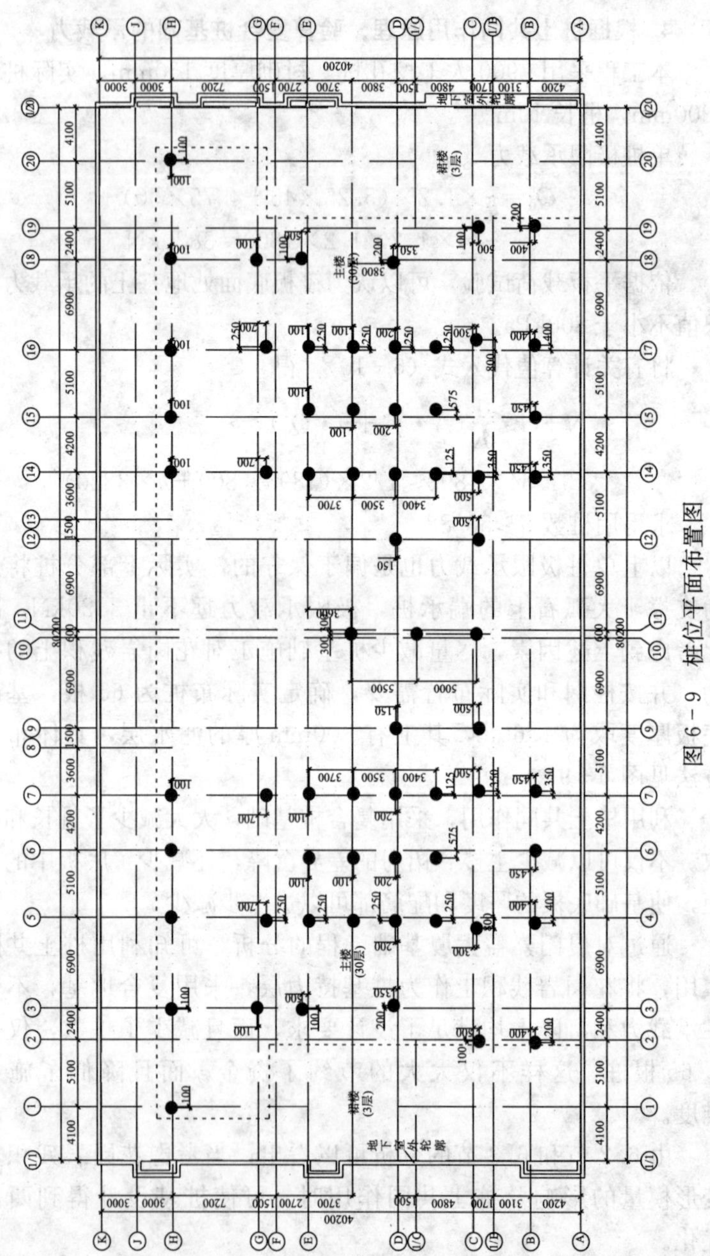

图6-9　桩位平面布置图

若考虑花岗岩残积土变形模量对桩基承载力的影响，所得的桩端阻力及桩侧阻力均大于工程地质报告的提供值和按规范查表的经验值。这样，整个单桩的承载力得到了提高，由式（6-9）计算，桩数减少约20%，得到了第一次优化；考虑花岗岩残积土良好的工程特性，利用桩土共同作用原理，结合复合地基概念，在天然残积土地基满足沉降条件或承载力条件的前提下，打入少量桩仅是为了弥补部分承载力条件或沉降条件的不足，从而使桩数再一次减少，得到第二次优化。

两次优化的结论在花岗岩残积土地区的桩基设计中第一次提出，可减少桩基数量，节约工程造价，降低施工难度。

6.4 结果分析

花岗岩残积土具有良好的工程特性及特殊的物理力学性质，利用这些特性对花岗岩残积土进行桩基设计，可以得到以下结论：

（1）桩的端阻力和侧阻力与桩端土的变形模量有很大关系。当考虑花岗岩残积土变形模量的影响时，试桩所得桩端阻力和桩侧阻力将会高于工程地质报告中的提供值或规范查表的经验值，单桩承载力得到提高，一般可提高20%～40%。桩基持力层可选在残积土层，而且经式（6-9）计算，可使桩数减少20%左右，这样做既节省了资金，又降低了施工难度。

（2）在花岗岩残积土地区，以变形控制作为桩基础的设计标准，考虑到花岗岩残积土的高强度及低压缩性的特点，利用桩与土的共同作用原理，采用复合地基概念，仅需要打入少量桩就可以完全满足地基的承载力要求及地基沉降要求，同时降低了工程造价和施工难度。当然，复合地基的基本原理仍然是桩—土变形协调。

（3）考虑花岗岩残积土变形模量的影响和桩土共同作用，可使桩基数量得到两次优化。当考虑花岗岩残积土变形模量的影响，通过提高单桩承载力，使桩基数量第一次得到优化；再利用桩土共同作用原理，采用复合地基概念，使桩基数量得到第二次优化。两次优化的结论在花岗岩残积土地基桩基设计中属首次提出，可以使花岗岩残积地基桩基设计中的桩数大大减少，在保证安全性的前提下实现较好的经济效益。

第 7 章　大面积回填花岗岩残积土强夯法地基处理

7.1　概述

原状的花岗岩残积土胶结物较多，常呈絮凝和凝块结构，有较高的地基承载力和抗剪强度，且压缩性中等偏低。回填的花岗岩残积土通常是平整场地时挖山填沟的产物，经过搬运、扰动等破坏，花岗岩残积土大部分的工程特性都已丧失，因此回填地基的承载力一般都不能满足设计要求。我国地少人多的矛盾日益凸显，因此如何经济、合理、快速地加固处理这类回填花岗岩残积土地基对于东南沿海地区工程具有重要的现实意义。

根据回填区域水文地质环境不同，花岗岩残积土的回填地基亦可分为陆域回填和海域回填。例如开山填谷等地基，残积土经历了开挖、搬运、回填过程，结构完全破坏，但残积土中的含水情况不会发生大的变化，残积土的组成成分没有变化，回填地基的自密性和压实性比较好，经人工处理后可达到较高的密实度和承载力。而残积土作为回填料用于海域回填，如开山填海工程等，开挖搬运回填后松散回填的残积土在海水的浸泡和冲刷作用下，一方面其中夹杂的强风化、全风化碎石块遇水发生软化崩解；另一方面黏性细颗粒部分遇水后，粒间受润滑作用，以及浸水时的浮力作用，土体的自密性和压密性会显著降低，从而影响到地基处理的效果。由于水文地质条件对残积土的工程特性存在较大的影响，陆域回填和海域回填地基处理的原理、工艺、方法和加固效果也有较大的区别。

本章的试验结果可供花岗岩残积土地区沿海碎石土回填地

基、山区回填地基和大厚度的湿陷性土地基处理参考，对华北、东北地区的粉砂土地基以及经过预处理形成排水通道适宜强夯的淤泥质土等地基处理亦可借鉴。

7.2　回填花岗岩残积土工程特性

回填花岗岩残积土一般具有以下工程特性：

1. 不均匀性和湿陷性

回填花岗岩残积土组成成分比较单一，但因回填的方法、时间和厚度，回填料来源，爆破开挖方法，成分和风化程度，粒径大小，原地基地层特性等的差异性，所以其突出特点是不均匀性。在对回填残积土勘察和检测结果中，往往是在水平和垂直方向具有极其明显差异性。因此地基处理必须因地制宜，针对性的提出处理方案和工艺参数等。

回填花岗岩残积土，特别是风化程度较高时由于土质疏松，空隙大，孔隙比高，在浸水后产生较大的沉陷，即具有湿陷性。在广东地区常可见这种现象：降雨后在未经处理的新近堆填回填残积土区域出现大面积、大量值的沉陷。因此，湿陷性是花岗岩残积土回填地基处理时必须考虑的因素。

2. 自重压密性

回填残积土一般质地较均匀，在堆填过程中，未经人工压实，压密度较差，为欠压实土，但在土的自重和大气降水下渗的作用下有自行压密的特点，自重压实所需的时间长短与填土的物质成分和颗粒组成有关。根据《工程地质手册》，认为堆积时间超过 10 年的黏性土，超过 5 年的粉土，超过 2 年的砂土，均具有一定的密实度和强度。因此地基处理时，应充分调查场地回填时间，采用有针对性的方法。如重庆某工程，回填厚度 40m，由于回填时间较长自重严密性较好，地基处理时仅处理了表层填土。

3. 低强度和高压缩性

未经处理的回填残积土由于质地疏松，密度差，固结程度低，故承载力和抗剪强度均较低。压缩性则较高，变形模量小于6MPa，与相同干密度的天然残积土相比，回填残积土的压缩性要高得多，而回填残积土随含水量的增加，其压缩性会急剧增大。即使后期采用桩基础，也应该在打桩前进行场地的预处理，可以提高桩基水平和竖向抗压承载力，减少负摩阻力，使大面积的道路、场地等后期沉降量在可控范围内。

7.3 回填花岗岩残积土的地基处理方法

1. 常用地基处理方法及优选比较

大面积回填花岗岩残积土地基加固的处理方法一般有 4 种：挤密碎石桩复合地基加固法、钢筋混凝土桩基础法、强夯加固法及强夯置换法。表 7－1 列出了各种地基处理方法的工期造价对比。

各种地基处理方法的工期造价对比　　表 7－1

加固方法	强夯法	强夯置换法	挤密桩	钢筋混凝土桩	砂井预压	堆载预压	真空预压	振冲	注浆	化学拌合法
造价/m^2	1	2	4.5	16	4.4	4	2.8	2	6.4	12
工 期	1	2	2	3	8	10	4	3	3	8

对适宜大面积回填花岗岩残积土地基加固的 4 种处理方法，以广东茂名 30 万吨乙烯工程为例说明其优缺点：

（1）挤密碎石桩复合地基加固法。回填花岗岩残积土地基经挤密碎石桩加固后，复合地基承载力可提高 1.3～1.7 倍，平均仅提高 50%左右，而费用高达 200～300 元/m^2，如果作为大面积地基处理方案，总费用惊人，且工期大大延长，所以这种处理方案在大面积地基处理中不宜使用。

（2）钢筋混凝土桩基础法。对一些工程的试桩结果表明，填方区（回填土地基）的钻孔灌注桩承载力比挖方区同类钻孔灌注桩承载力低约 40%左右，这充分反映了 4～8m 厚的回填残积土对桩承载力的影响。再加上回填残积土湿陷性造成的负摩阻力影响，每根桩约有近一半的桩长不能发挥作用。对大面积地基处理方案而言，如按全部工程使用 2 万根桩计算，将近 1 万根桩被白白打入地下，浪费十分惊人，而且工期大幅度延长。所以，对于大面积回填地基处理，直接采用桩基方案也是不合理的。

（3）强夯法。回填花岗岩残积土地基经强夯加固后，地基承载力可提高 2 倍左右，而加固费用每平方米仅需 50 元，对大面积地基处理工程而言，仅此一项就可节省投资数千万元。而且，与方案（1）、（2）相比，强夯法可大大缩短工期。因此，对于回填花岗岩残积土而言，强夯法是较为经济合理的地基处理方案。

（4）强夯置换法。对于水域回填的残积土地基，由于水位以下土体处于饱和状态，一方面受水浮力作用，回填地基土的自密性差，土体比较松散；另一方面饱和状态下，以黏性土为主的残积土回填地基，强夯作用下很难夯实和挤密。对于此类地基的处理，置换作用往往占主要地位，挤密和压实作用占次要地位。强夯和强夯置换的区别主要在于：①有没有填料；②填料好不好（与原地基土比有无变化）；③静接地压力大不大（≥80kPa）；④是否形成墩体（比夯间土明显密实）。以上 4 个条件之间应该是“且”的关系，只有同时满足以上 4 个条件才算是强夯置换。强夯置换是适用于海域回填残积土地基比较经济高效的地基处理方法。

2. 强夯法关键技术与研究趋势

近年来，国内强夯技术发展迅速，应用范围更为广泛，其关键技术主要集中在高能级的强夯技术研究和饱和软土复合地基的强夯技术研究。

（1）高能级强夯技术。为了加固深厚地基，特别是山区非均匀块石回填地基和抛石填海地基，必须施加高能级进行强夯处理，这样对高能级的加固机理研究和强夯机具提出了新的要求。

我国于 1992 年率先在三门峡火力发电厂采用 8000kN·m 强夯技术，用于消除黄土湿陷性，之后 8000kN·m 强夯技术在我国普遍采用。目前18000kN・m强夯技术已成功通过试验和多个工程应用，并成为国内已经实施的最高能级强夯，其有效加固深度约在17～20m之间，《建筑地基处理技术规范》JGJ 79—2002对8000kN・m以上强夯的有效加固深度没有明确，梅纳公式又显然不适宜。

一般以3000kN・m强夯为限，当强夯能量小于3000kN・m时，施工机具相对简单，国内常用的W200A型50t履带吊不必辅以龙门桁架，施工便捷、定位快、工效高、移动迅速；当强夯能量大于3000kN・m时，50t吊车必须辅以龙门架才足以保证安全施工，因而机具移动、定位相对较慢，工效相对降低。

当强夯能量要求大于10000kN・m时，目前施工单位常用的50t履带吊难以承受，因此施工机具是高能级强夯技术发展的关键。目前国内也在加强这方面的研究。国家住房和城乡建设部立项的科技项目“高能级强夯地基加固机理工法研究与专用机械研制（04—02—016）”，对高能级专用强夯机进行了研制与开发，其实物照片如图7-1所示，这3种型号的高能级专用强夯机已经在国内外工程中得到了广泛应用。

(a)　(b)　(c)

图7-1　高能级专用强夯机照片

(*a*) CGE1800A型机；(*b*) CGE1800B型机；(*c*) CGE1800C型机

(2) 饱和软土复合地基的强夯技术。对于饱和淤泥质黏土或者淤泥质粉土，由于其含水量高、黏粒含量多、粗颗粒含量少、渗透性差，直接采用强夯效果很差，甚至夯后地基承载力降低。决定饱和软土不适宜强夯的关键在于强夯过程中和强夯以后饱和软土中超孔隙水压力不能消散，地下水不能排出，强夯所施加的能量不能改变土体结构，大部分被超孔隙水压所吸收。甚至由此引起原有土体结构破坏，形成人们所称的“橡皮土”。为了提高在这类饱和软土中应用强夯的加固效果，首先必须解决土中地下水的排出和超孔隙水压力消散的问题。因此可以在饱和软土中打入挤密碎石桩、砂桩，使其在饱和软土中形成竖向排水通道，既有利于地下水的排出，又有利于超孔隙水压力的迅速消散。竖向排水通道的形成起到了土体置换的作用，增加了粗颗粒含量，使本来不适宜强夯的软黏土成为适宜强夯的含粗颗粒土；同时软土地表面辅以铺设一定厚度的粗颗粒使土中排出的地下水有横向通道不致逸出地表造成施工困难形成地表软化。

一般工程经验证明，当粗颗粒含量大于 30%时，地下水位适宜，可以采用强夯；当粗颗粒含量大于 60%时，地下水位适宜；强夯效果特别理想。在强夯过程中，饱和软土既有竖向变形也有横向变形，因此砂柱、碎石桩的设计要避免被挤断从而失去排水作用。可以从桩径和排水井的柔软性两个方面考虑，使其适应地基土的变形，同时具有一定的刚度和强度。除挤密碎石桩、砂桩以外，常用的排水井形式还有袋装砂井、硬质纸板、聚氯乙烯多孔塑料板等。天津川府新村住宅小区及天津宜白路住宅小区的工程中有关于饱和软土辅以砂井进行强夯加固处理的尝试。深圳福田开发区亦有局部采用饱和吹填软土辅以塑料插板进行小能量强夯的工程实践。

目前我国沿海地区是建设项目热点地区，如石化项目多数设置在沿海地区。而沿海地区多数为软土地基，一般处理这类软土地基的方法有直接采用桩基、挤密碎石桩、深层搅拌桩、粉喷桩及真空预压、堆载预压、塑料插板等，当地基处理面积很大时，上述处理方法的造价、工期将十分惊人，因此工程技术人员对软基处理新工艺的研究兴趣极其浓厚。饱和软土辅以砂桩、碎石桩或其他工艺进行强夯处理技术将是非常具有吸引力的研究课题，应用前景广阔。该技术既可改进原有直接采用桩基、挤密碎石桩、深层搅拌桩等造价过高，同时又可缩短材料购置、制作、打入周期，其主要方法有以下几种：

① 方法一：挤密碎石桩加强夯。挤密碎石桩上部加固效果不如强夯，对于饱和软土，结合挤密碎石桩加上强夯，加固效果会非常显著。挤密碎石桩既可起侧挤密作用又可起竖向排水作用。另外，挤密碎石桩加强夯比单纯挤密碎石桩布桩稀疏，工艺简化，该工艺的总费用与单纯挤密碎石桩方案相比基本持平或略高一点。经该工艺加固后可同时满足一般建筑、工业厂房、设备基础的承载力和变形要求。中国建筑科学研究院地基所已将挤密碎石桩加强夯成功应用于青海湖周边的盐渍土地基处理。

② 方法二：砂桩加强夯。砂桩在饱和软土中只起竖向排水作用，因此其总体加密效果比挤密碎石桩加强夯效果要低些，一般可作为大面积厂区地基预处理方案。经过处理后可作为一般建筑，厂房、道路简单设备地基，对于高重设备则需通过验算，必要时还应辅以设备桩基。即便是采用部分桩基也比在饱和软土中直接采用桩基要经济的多。因为此时地基性状经处理后明显改善，桩侧阻力大大提高，消除了湿陷性、液化对桩基承载力的影响，再考虑桩—土共同作用，总体效果更好。

③ 方法三：真空/堆载预压加强夯。目前沿海地区采用真空或推载预压处理软基的较多。该工艺相对直接采用桩基等方案造价低，但是周期很长，一般需要近半年甚至更长，且加固效果仅能达到 80～100kPa。根据预压 $s-T$ 曲线分析发现一般情况下堆载预压沉降量在最初的 3 个月发生最多，约占 30%～50%。如果工期要求特别紧迫，此前可在软基中设置袋装砂井，在地表铺设一定厚度的碎石土，既有利于形成横向排水通道，又便于施工机具行走，然后就可以采用小能量强夯加固硬壳层，消除软基的

其余部分沉降。经这一综合工艺处理后，地基承载力可达到 80～130kPa，一般可作为大面积厂区一般建筑、厂房、道路、简单设备的地基。其特点是比真空或堆载预压工期大大缩短，加固效果更高，费用增加不多。可通过真空预压的插板间距和堆载预压的袋装砂井间距调整来综合考虑成本。由于小能量强夯本身的价格很低，因此两项工艺综合使用的造价并未提高多少，而工期却可大大缩短。

④ 方法四：强夯置换碎石墩。在沿海地区软基处理中，部分工程采用了强夯置换碎石墩工艺，如深圳机场工程，通过向夯坑内填筑碎石形成碎石墩，起到置换和加固效果。大连中远船厂地基处理项目，利用柱锤在软基上成功实施了强夯碎石墩地基，相比原来的 PHC 管桩和振冲碎石桩＋平锤强夯方案分别节省了 700 多万元和 1360 万元，工期减少 6 个月。

由此可以看出，辅以一定工艺后进行强夯处理是有效、经济地加固处理沿海（包括沿江、湖）地区饱和软土地基的重要研究课题，将会成为目前我国在该领域的重点研究内容，应用前景广阔。

在传统强夯工艺的基础上，强夯施工开始走向多元化。所谓多元化即对复杂场地进行地基加固时，单一处理方法很难达到设计要求或由于经济等条件受限。那么针对不同的地基土，综合其他加固机理和强夯机理各自的优势形成期加固地基的复合处理形式。各种方法均有其适用范围和优缺点，强夯法通过与多种地基处理方法联合进行复杂场地的处理，具有明显的经济效益和良好的技术质量效果。

3. 柱锤强夯置换振动及侧向变形环境影响试验研究

由于强夯施工过程中，夯锤冲击地基土，会产生产生噪声和振动，在强夯施工过程中会对周围土体产生压缩、挤压作用，使得夯锤周围土体在一定程度上都会发生侧向变形，这种侧向变形会对邻近建筑物产生作用。为了研究不同能量柱锤强夯施工对周围土体的影响，在不同距离进行地面振动监测和埋设测斜管，监测地面振动和土体深层水平位移情况，来了解不同能级的柱锤夯击下振动和土体侧向变形实际影响范围，为确定后续施工工艺提供依据。

1）工程地质条件

试验区位于青岛海西湾，原为海域，经人工回填开山石，底层主要有碎石填土、海湾相软弱淤泥质土、残坡积土和基岩。基岩以花岗岩为主，少量闪长玢岩、安山玢岩、煌斑岩呈脉状分布。

2）试验区设计施工参数

试验分三个不同能级试验区，8000kN·m、6000kN·m和4000kN·m能级试验区。8000kN·m能级试验区面积为12×12m^2，6000kN·m和4000kN·m能级试验区面积为10×10m^2。强夯置换所使用柱锤为35t，直径1.2m，高约4.5m，采用2遍成夯工艺，2遍点夯能级相同。第一遍夯点（共9个）施工完成后进行第二遍夯点（共4个）施工。

3）强夯置换对周围土体变形影响监测

为研究强夯置换柱锤对周边土体的变形影响，分别在8000kN·m、6000kN·m、4000kN·m不同能级下进行测斜监测。8000kN·m、6000kN·m试验区在试夯点边界外6m、9m、12m、18m、25m共5处分别监测其土体深层位移，4000kN·m试验区在试夯点边界外7m、8.5m、10m、15m共4处分别监测其土体深层位移。测斜管埋设深度至基岩层顶为止，测斜管长18m。施工前监测2～3次，以平均值作为监测点的初值，施工期间主要按夯击遍次的间隔进行监测，当施工时间较长时可在每天施工间歇时进行监测。在施工结束后再监测3次，直至整个土体稳定时观测结束。

图7-2为3个试验区的测斜监测实测曲线，从图中可以看出在相同能级条件下，距夯点距离越近，侧向挤出位移越大；随着距离的增大，侧向水平位移也越来越小。在距离大致相近的情况下，能级越低，侧向挤出位移越大，随着能级的增加，地基土深处水平位移减小，浅层地基土出现向夯点靠拢、水平位移变为

负值的现象。造成向夯点靠拢变为负值现象的原因是：当能级较低时，柱锤夯击地基土产生夯坑较浅，夯锤对地基土反复冲击，而四周覆盖地基土厚度产生的自重压力较小，因此产生侧向挤出变形较大；随着能级的提高，柱锤夯击地基土产生夯坑较深，夯锤对地基土产生冲切，而四周覆盖地基土厚度产生的自重压力较大，因此产生侧向挤出变形就变得较小，浅层地基土会向夯坑变形而产生位移。

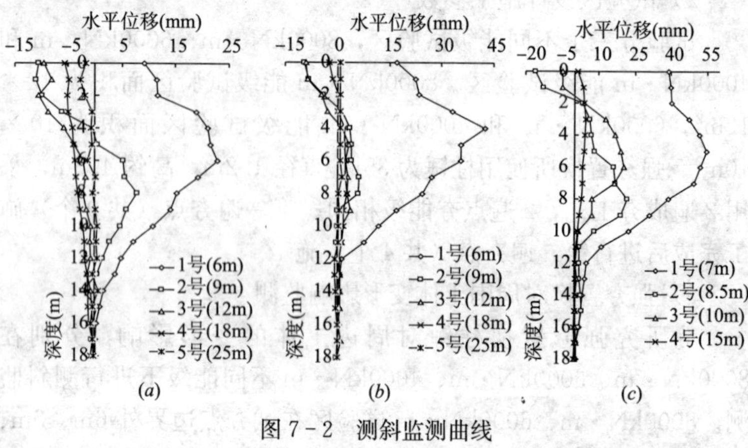

图 7-2 测斜监测曲线

(*a*) 8000kN·m 能级；(*b*) 6000kN·m 能级；(*c*) 4000kN·m 能级

图 7-3 为不同能级下，在距夯点距离相近的情况下地基土的侧向变形对比曲线，从图中可以看出，在距夯点距离大致相同的条件下，能级越高，侧向变形越小，能级越低，侧向变形越大。根据监测位移曲线可得，在距夯点 12m 以外，4000～8000kN·m 能级的强夯置换所产生侧向变形影响范围基本在 10mm 以内（包含正负）。在距离夯点附近，多为深层土体的侧向位移，尤其 3～8m 侧向变形最为显著。由此可确定在试验能级范围内，侧向变形不会造成建筑物破坏的安全距离为 20m。

4）结语

通过 4000～8000kN·m 能级的柱锤强夯置换试验的地面振

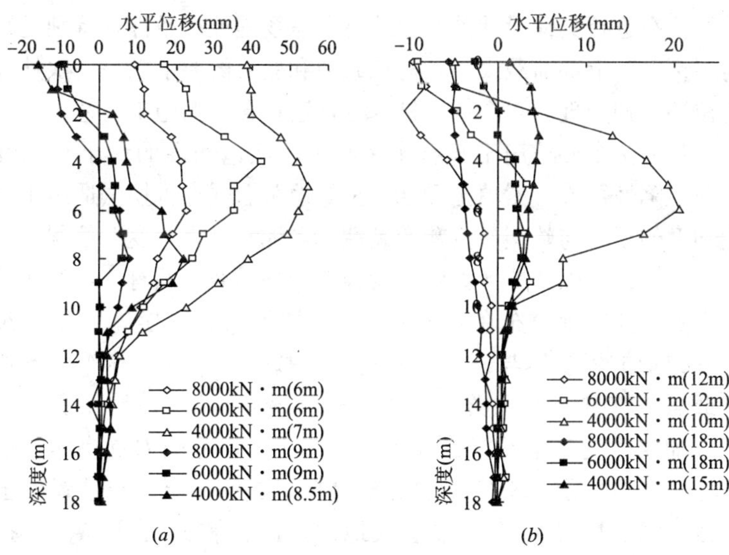

图 7-3 不同能级测斜监测对比曲线

动及周围土体测斜监测可得：

（1）根据振动速度和加速度判定，4000～8000kN·m 能级柱锤强夯置换的振动安全距离为 20～30m。

（2）根据柱锤周围土体变形监测结果判定，4000～8000kN·m 能级柱锤强夯置换的振动安全距离为 20m。

（3）随着柱锤强夯置换能级的增大，柱锤四周土体的侧向变形在减小，但对地面振动影响范围增大。

（4）在距振源距离大致相同的情况下，强夯置换能级越大，对周围土体侧向变形影响越小。当能级增大到一定时，远离振源的地面会出现向振源变形的现象。

7.4 按变形控制进行强夯法地基处理设计

1. 概述

目前对于强夯法地基处理设计包括强夯法设计和强夯置换法

设计。在进行具体设计前，应综合考虑场地地层条件，特别是软弱层情况，上部荷载大小，对承载力和变形的要求，是一次处理到位还是预处理后再局部做桩基等，选择合适的施工工艺。

强夯法主要适用于碎石土、砂土、低饱和性的粉土与黏性土、湿陷性黄土、素填土和杂填土等地基。强夯置换法适用于高饱和度的粉土与软塑～流塑的黏性土等地基土，对变形控制要求不严的工程。强夯置换大致有两种：一种是夯点间有一定的间距时，置换体规则分布在被置换土中，置换后，置换体用作建筑桩基或形成置换体与桩间土的复合地基，这种方式称作单点置换或点夯筑桩（淤泥类土中称桩式挤淤）；另一种是在加固面积或加固宽度较小而置换点密集时，在一定范围内置换体连成一体，形成一层相对完整的置换材料组成的垫层，与被置换土层或下伏土层在局部形成层状地层，此称整式置换（整式挤淤）。上海地基处理规范还提出了针对软土地基处理的降水联合低能级强夯法。

选定了施工工艺后，依据软弱土层厚度确定强夯能级，根据规范及经验确定强夯主夯点间距，按照规范要求的强夯收锤标准进行试验性设计，通过试验夯判断单点夯击能是否合理，确定最佳单点夯击击数、主夯点间距等参数。

2. 总体思路

强夯法地基处理可以有效消除沉降，提高地基承载力，减小工后使用变形。因此强夯设计前应首先确定地基处理主要目的、用途，在结合各方面综合要求确定好是采用强夯还是强夯置换法后，再根据具体工程地质条件和加固深度选择合适的锤型、能级、夯点间距、夯击遍数和技术间歇时间，并根据预测处理效果反演各项变形指标是否满足上部设计要求。

3. 设计参数

强夯地基处理的设计要结合工程经验和现场情况，主要从夯锤、施工机具选用、主夯能级确定、加固夯能级确定、满夯能级确定，夯点间距及布置、夯击遍数与击数、有效加固深度、收锤标准、间歇时间、处理范围、监测、检测、变形验算、稳定性验算、填料控制、夯坑深度与土方量计算、减振隔振措施、降排水措施、垫层设计、基础方案、结构措施等 22 个方面进行优化设计。限于篇幅，下面仅就目前工程界最为关心的强夯地基的变形计算进行详述，其他具体设计参数可参见相关工程实例。

4. 强夯地基的变形计算

目前大部分工程中强夯处理后的地基承载力一般皆可满足设计要求，在此种情况下，对于变形量的控制设计就成了确定强夯方案是否适用和进行强夯设计的关键，尤其在深厚软黏土地基上建造建筑物，沉降量和差异沉降量控制是问题的关键。因此，按变形控制设计越来越成为强夯法设计的主导因素，既可保证建筑物安全又可节省工程投资。

当然“按沉降控制设计”思路并不是意味着不讨论地基承载力是否满足要求。在任何情况下满足承载力要求都不可以忽略，只是现在把对承载力的计算不作为一种主要的判断依据，因此按变形控制设计理论本身也可以包括对地基承载力验算。

结合青岛船厂海西湾造修船基地强夯地基的计算实例对强夯地基的变形计算进行说明。该项目淤泥质土较厚的 D 区拟采用 8000kN·m 高能级强夯进行处理，因此对淤泥质土的固结沉降计算分析可选用 D 区淤泥质土最厚的 126 号勘探点进行计算。

根据勘察报告，该点位从上到下可分为 3 层：(1) 碎石填土层。标高为 0.0～6.0m，即将回填，地下水位在 3.0m 处；(2) 淤泥质粉质黏土层。标高为 0.00～－10.50m，流塑～软塑状态；(3) 风化熔结火山角砾岩层。呈致密的角砾、碎石土状，节理裂隙发育，该层的沉降变形忽略不计。

其他点位地质情况类似，淤泥质土层的厚度均小于 126 号点，下部大都为⑦$_1$ 层——强风化花岗岩及煌斑岩，节理裂隙发育，岩石风化较强烈，局部呈风化漏斗状。考虑到现场正在进行挤淤挖淤工作，计算分别对挖淤前 10.5m 厚淤泥层和挖淤后 6.5m 淤泥层进行分析。

(1) 变形分析计算

淤泥质土层厚 10.5m，考虑碎石土挤淤再造层 0.5m，计算时按淤泥质土层厚 10m 考虑，假定淤泥质土的压缩模量由 2.51MPa 经强夯后提高到 4MPa。强夯后碎石土的重度取为 $20kN/m^3$，地表处的附加压力取为 220kPa。淤泥质土下部为$⑦_1$层——强风化花岗岩及煌斑岩，节理裂隙发育，岩石风化较强烈区域，可近似按单面排水计算。由勘察报告提供的孔隙比、压缩系数、渗透系数等参数，按公式计算所得的竖向固结系数为 $C_{v2}=2.74\times10^{-3}cm^2/s$。

(2) 计算结果与分析

按上述参数，用两个固结系数分别计算，在单面排水、填土和结构共同作用下，可得沉降量与时间的关系曲线。

(3) 按挖淤后计算参数

126 号点处淤泥质土层厚 10.5m，根据现场的挤淤挖淤情况，考虑清淤 4m，回填碎石的再造层 0.5m，计算时按淤泥质土层厚 6m 考虑，假定淤泥质土的压缩模量由 2.51MPa 经高能级强夯后提高到 6MPa。强夯后碎石土的重度取为 $20kN/m^3$，地表处的附加压力取为 150kPa。修船区车间厂房变形分析及淤泥质土典型沉降估算分析见图 7－4。

根据修船区车间强夯地基检测报告（yk2003－018）和现有的沉降观测成果表明：产生差异沉降主要是由于填土下存在软弱淤泥质粉质黏土固结沉降引起的。实测沉降量和计算沉降量的对比图见图 7－5。根据近 5 年的实测沉降结果可以看出，在全部 252 个柱基中，仅有 4 个柱基的沉降量超过了规范要求，整个监测结果与强夯前的预测分析完全一致。该处柱基已经采取了一定的结构预防措施，以此证明了“以变形控制进行地基处理设计”思路的准确性。

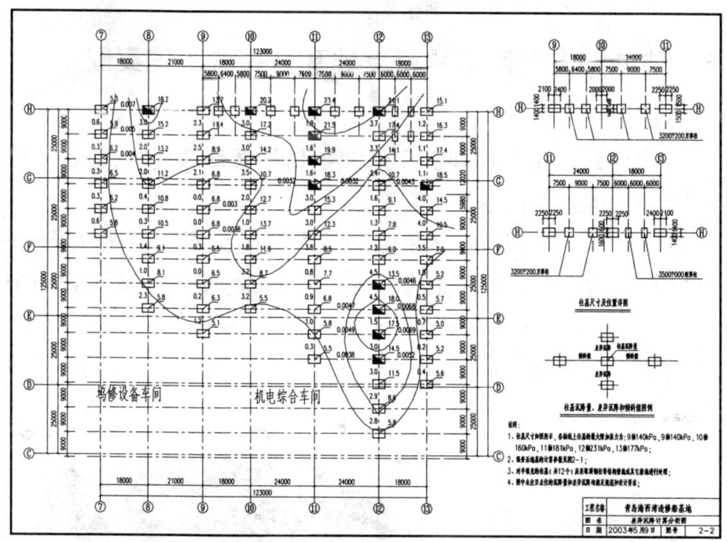

图 7-4　修船区车间厂房变形分析及淤泥质土典型沉降估算分析图

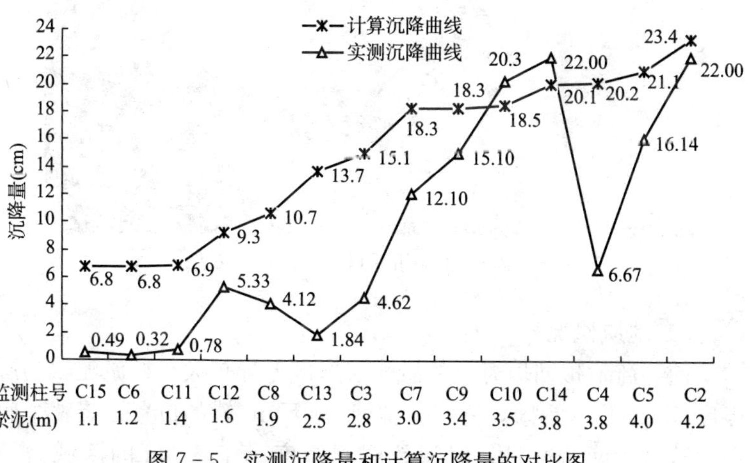

图 7-5　实测沉降量和计算沉降量的对比图

7.5　陆域和海域回填残积土地基强夯法工程实例

1. 中化泉州 1200 万吨/年炼油项目配套码头库区工程

1）工程概况

中化泉州 1200 万吨/年炼油项目配套码头库区工程位于湄洲湾湾口西岸的青兰山东端山脚下的惠州市惠安县东周半岛斗尾村，毗邻福建炼油化工有限公司一体化项目，占地面积约为 50.16 万 m^2，拟建 10 万 m^3 原油罐 12 个，见图 7-6 的青兰山库区效果图。

图 7-6　中化泉州项目青兰山库区效果图

2）地质概况

前方滩地拟回填海域的淤泥层厚度差异较大。按淤泥软弱层厚度 5.0m 作为界限，并结合拟建 10 万 m^3 罐的位置，将整个码头库区分为两个区域，淤泥软弱层厚度小于 5.0m 的区域为 A 区，淤泥软弱层厚度大于 5.0m 为 B 区。回填过程中受推挤作用，A 区淤泥层分布较薄，厚度普遍在 0.5～2.5m，局部较深处为 5～7m，且埋深均在 10m 以下。A 区填土层的分布厚度为

9～12m，较疏松，局部夹有粒径 10～40cm 的块石。B 区淤泥层分布厚度在 10m 左右，局部淤泥较深处 12～13m，填土厚度为 10～12m。

3）海域回填残积土地基处理的难点

（1）遇水软化和湿陷性

回填残积土以土夹碎石为主，其中碎块石多为全风化或者强风化，遇水后易软化破碎，强度降低。同时由于结构完全破坏，强度完全丧失，其主要成分黏性土部分浸水后容易产生较大的沉陷，即具有较大湿陷性。

（2）自重压密时间长、效果差

回填残积土在堆填过程中，未经人工压实，压密度较差，为欠压实土，但在土的自重和大气降水下渗的作用下有自行压密的特点，自重压实所需的时间长短与填土的物质成分和颗粒组成有关。该项目陆域回填时间较短（3 个月左右），回填至标高后即进行地基处理，预压期很短，土体自重作用下的压密性很差，土体处于欠固结状态。另外，回填土大部分位于潮面以下，土体浮重度低，减弱了土体自密性。

（3）饱和状态下挤密效果差

对于深厚残积土的处理，常用的密实方法如强夯法、挤密砂石桩法等。然而饱和状态时，由于成分以黏性土为主，其加固效果类似于加固淤泥类软土地基，挤密效果差，加固机理以置换为主。因此，势必带来强夯中大量级配填料的问题，导致加固费用增加，而对于夯间土的加固效果也不会太理想。

基于以上水域回填花岗岩残积土填土的性质分析，地基处理中应把握加固的机理和重点，选择合适的工艺，选择合理的施工季节，避免不利于残积土地基处理效果的因素。

4）地基基础方案设计思路

地基处理方法的选择与上部结构形式、荷载要求、对沉降的敏感性以及地质条件等密切有关。采用不同的地基处理方案，上部结构可选择的基础形式亦不同，相应的地基基础造价、处理效果以及施工复杂程度和工期也区别较大。

A 区表层为 9～12m 厚的花岗岩残积土，以黏性土为主；其下淤泥层较薄，普遍厚度为 0～2.5m；再下为工程性质较好的残积土或全风化～微风化花岗岩。A 区淤泥层厚度较小，在深厚填土荷载作用下及其填土处理过程中，淤泥层的固结可大部分完成，对工后沉降的影响较小。针对大厚度的填土，采用高能级的强夯结合置换工艺处理后，地基承载力可满足油罐基础要求，通过强夯置换和挤密，填土层的压缩模量可大幅提高。对于 10 万 m^3 油罐地基承载力特征值要求不小于 250kPa；差异沉降不大于 0.004D（D 为储罐直径）。针对 A 区地质条件，经试算，地基加固深度达到填土层底（9～12m），地基土加权压缩模量不小于 18MPa 时，可满足此总沉降量要求。根据此加固深度要求，结合国内高能级强夯工程经验，强夯能级设计为 12000～15000 kN·m。

B 区：回填土层厚度为 10m 左右，下卧软土层主要为淤泥、淤泥混粉细砂、灰色粉细砂、灰黄色残积土，其中淤泥等软弱土层厚度约为 5～10m 左右。由于 B 区淤泥类软弱土层分布较厚，且回填土厚度较大，仅采用高能级强夯很难完全消除深厚淤泥土层的工后沉降和差异沉降。因此，B 区 6 个 10 万 m^3 原油罐拟采用高能级强夯＋桩基础方案，即结合陆域形成进度，回填到＋10.00m 后先进行大面积高能级强夯，有效加固填土层，形成一个厚度约 10m 的硬壳层；大量管墩、管架、设备基础、小型建构筑物等可直接在夯后地基上做浅基础；对变形敏感、荷载较大且极为重要的 10 万 m^3 油罐下打设灌注桩。

5）花岗岩残积土的高能级强夯现场试验

试验一区采用 12000kN·m 能级平锤强夯的试验方案，根据夯前、夯后钻孔及动探试验的对比得出，本试验区采用 12000kN·m 主夯能级强夯工艺处理后，地基处理的有效加固深度约为 12m，夯后地基按厚度的加权平均压缩模量为 19.2MPa。

试验二区采用 15000kN·m 能级的平锤强夯联合 10000kN·m

能级的异形锤强夯置换试验方案。从检测效果看，10000kN·m柱锤置换＋15000kN·m平锤强夯复合夯点处，填石深度在10.0～10.5m左右。15000kN·m主夯点处填石深度达到9～9.5m，填石深度以下4m左右的填土动探击数达到5～7击，相应承载力特征值达到150～180kPa，压缩模量约为10～12MPa。加固深度达到填土层底部或残积土层顶，有效加固深度达到淤泥混砂层顶或残积土层顶，深度大于12m。

(a)

(b)

图7-7 试验二区15000kN·m主夯点夯坑情况及施工完成后现场情况

目前库区建设地基处理工作已经基本完成，检测结果表明地基处理效果满足了设计要求。

2. 中石油珠海高栏岛成品油储备库

1）工程概况

中石油珠海高栏岛成品油储备库位于珠海市南水镇高栏港经济区南迳湾仓储区铁炉湾填海区，占地面积约420000m^2。拟建建构筑物主要规格为30000m^{3}和50000m^{3}汽油罐和柴油罐。

场地分陆域和海域两大区域。陆域普遍回填中风化～微风化花岗岩碎石土及块石；海域回填土以花岗岩残积土为主，局部含全风化～强风化花岗岩。填土厚度为7.0～19.0m。

2）设计参数

试夯能级和相关设计参数详见表7-2。

试夯能级和相关设计参数表　　表 7-2

试夯区	能级	消除液化效果	处理后地基承载力	压缩模量
3、6	8000kN·m	部分	≥250kPa	≥20MPa
2、5	15000kN·m	全部	≥300kPa	≥25MPa
1、4	18000kN·m	全部	≥300kPa	≥25MPa

经强夯处理后，要求达到全部或部分消除地基土液化的目的，同时强夯也提高了地基土的承载力、密实度，降低了地基土的压缩性。

3）试夯效果

根据载荷试验、动力触探试验等结果分析，试夯 1 区（陆域 18000kN·m）夯后地基承载力特征值为 300kPa，有效加固深度为 15.5m。试夯 2 区（陆域 15000kN·m）夯后地基承载力特征值为 275kPa，有效加固深度为 13m。试夯 3 区（陆域 8000kN·m）夯后地基承载力特征值为 250kPa，有效加固深度为 8.5m。试夯 4 区（海域 18000kN·m）夯后地基承载力特征值为 280kPa，有效加固深度为 12m。试夯 5 区（海域 15000kN·m）夯后地基承载力特征值为 241kPa，主夯点有效加固深度在 10m 左右，夯间加固效果不明显。试夯 6 区（海域 8000kN·m）夯后地基承载力特征值为 250kPa，有效加固深度为 8.5m。

建议陆域部分罐基础采用了 15000～18000kN·m 强夯法处理；海域部分罐基础采用强夯＋桩基础的方案，强夯能级为 6000～12000kN·m，夯后在罐基础下做桩基础。对于场地泵棚、管廊架、道路等建筑采用了 6000～12000kN·m 能级强夯处理。

4）试桩设计

试桩为 2 组钻孔灌注桩，陆域、海域各一组，直径为 1200mm，每组 3 根，呈三角形布置，每组内试桩间距 4.5m。混凝土强度等级≥C35，水灰比不宜大于 0.45，抗渗等级不应低于 P8，钢

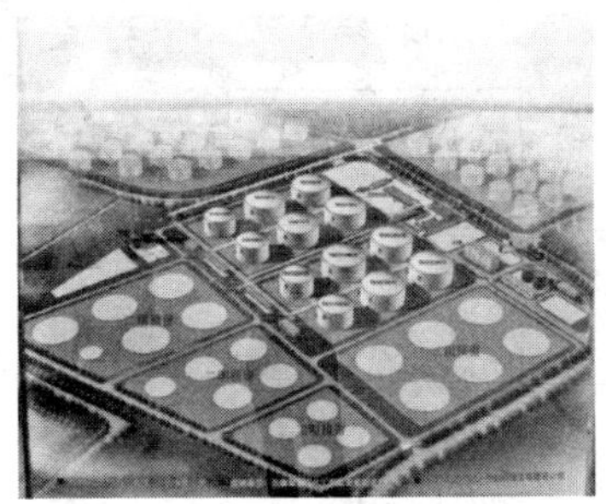

图 7-8 珠海中石油仓储项目效果图

图 7-9 桩基静载试验照片（36000kN 堆载）

筋混凝土保护层厚度不应小于 55mm。钻孔灌注桩为摩擦端承桩，单桩竖向承载力特征值估算为 18000kN。桩体全截面进入中风化花岗岩≥1.5D，估计桩长 66m。

5）试桩检测

试桩检测采用静载试验、钻芯、超声波检测、低应变 4 种手段，并埋设有钢筋应力计进行桩身内力测试。桩身内力测试结果（轴力图和桩侧摩阻力图见图 7-10）。

6）结论

（1）陆域试桩单桩竖向抗压承载力特征值为 12000kN（满足设计要求），海域试桩单桩竖向抗压承载力特征值 15600kN；

（2）根据桩身内力测试结果综合分析，本次试桩属于摩擦端承桩，提出了冲孔灌注桩桩侧摩阻力和桩端承载力特征值建议值；

（3）从试桩钻芯结果来看，桩身总体完整性较好，局部有小蜂窝和流槽；桩端混凝土与基岩胶结较好，桩底基本上未发现沉渣。经抗压强度试验，完整性岩芯和基岩抗压强度均不小于 30MPa。

3. 青岛海西湾造地与地基处理

1）工程概况

海西湾造修船基地是国家“十一五”重点建设项目，该基地总投资 74 亿元，规划占地 330 万平方米，岸线 6.72 公里，码头 5.4 公里，分为造船区、修船区、海洋工程装备及钢结构区。基地近期形成年造船能力 200 万载重吨，远期形成 468 万载重吨，

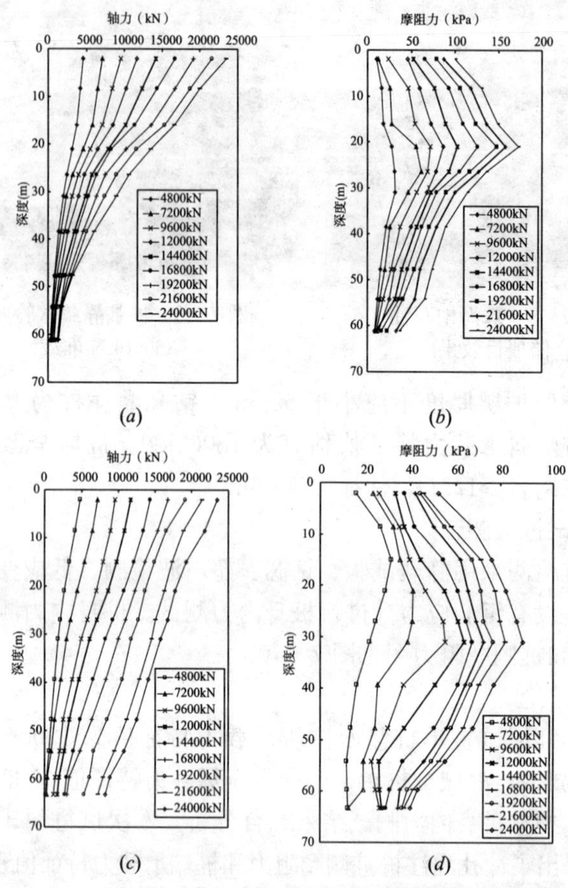

图 7-10　陆域 1 号、2 号试桩轴力与侧摩阻力实测曲线

年修船能力 212 艘，海洋工程建造能力 4 座。

2）地基处理方法的应用

厂区陆域面积形成后，如何根据场地的使用功能、建筑物建设的需要和承载力、变形要求，针对不同区域的工程地质情况科学选用不同的地基处理方法对总体工程造价和后续工程的工期都有直接影响。选择合适的造地方法也是优化工程设计、节省投资和工期的重要途径和关键点。由于海西湾的原始地貌及不同的造

图 7－11 海西湾总体规划图

地方式需要不同的地基处理方法（见表 7－3），具有一定的普遍性和借鉴意义，特总结归纳如下：

青岛海西湾地质分类及地基处理措施一览表　　表 7－3

序号	典型区域	地质分类	处理措施	基础形式	处理效果
1	修船厂房区	沿海浅滩，基岩上有原始淤泥推填造地	①控制填料块石粒径≤50cm；②推填挤淤，有隆起及时清淤（乘低潮陆清淤或局部水挖）；③填后强夯、提高夯击能，以达到密实深度	强夯地基＋浅基础	厂房无桩基，省投资，经跟踪监测 3 年，柱下软基<3m工后沉降<5cm；软基<2m，沉降<3cm；软基厚>3m，旋喷加固后均达标
2	修船船坞区	海域，水下原始淤泥 3～5m	①绞吸清淤后陆填；②围堰区按止水要求回填		绞吸吹填经济，减少坞室开挖量
3	东、西、南围堰区	吹填造地，原始淤泥 3～7m	①堆载预压、真空预压；②软基加固后陆填 2～3m，土石料强夯密实（控制能级）	预应力管桩强夯地基＋浅基础	场地、道路工后沉降量分别为 3～5cm，5～10cm，5～15 cm，>5cm 预留沉降量

续表

序号	典型区域	地质分类	处理措施	基础形式	处理效果
4	造船东侧厂房区	浅海区，水下淤泥层厚5～7m	①水下插板后分层陆填造地；②填后中、低能级强夯；③柱基下柱锤强夯置换	预应力管桩、碎石墩（柱锤强夯）、强夯地基＋浅基础	承载力和变形监测结果均满足要求
5	西南围堰区	沿海浅滩区，原始淤泥3～5m，中、上层为坞室开挖软土	①堆载、真空预压固结；②下层指标达标可上层换填后强夯	预应力管桩强夯地基＋浅基础	承载力和变形监测结果均满足要求
6	水工构筑物	海域，水下淤泥层、砂质黏性土层，强风化、中风化岩层	①船坞开挖至强风化岩；②码头开挖至强风化岩、砂质黏性土	天然持力层	满足要求

(1) 强夯地基

① 浅滩陆填区

以修船区南部、游艇厂区为代表，由于属砂石滩地质，水下原状淤泥层薄，无需清淤可直接进行陆填造地。陆域形成后选用了6000kN·m以下中低能级强夯，陆填土花岗岩残积土石料得到密实，检测结果表明地基承载力特征值均提高到200kPa以上。

② 深填区的高能级强夯

在修船区的部分区域，由于基岩埋深较深，花岗岩残积土回填层较厚，且局部有残留软土层，为了能达到较好的密实效果，就必须提高强夯能级，精心设计、精心施工高能级强夯，才能实现以强夯地基＋浅基础取代造价高、工期长、施工难度大的桩基础。工程实践及效果检测证明了在沿海开山土石料回填形成的陆域区域，用适宜能级和工艺的高能级强夯地基+浅基础取代灌注桩基础是成功的优化设计。由于开山土石料的陆域地质条件下，成桩难度大、工期长、造价高，而强夯处理对回填料的适应范围大，适用于大面积展开施工，可满足柱基、室内外地坪，道路等不同的功能要求。在海西湾修船区、游艇区的地上建筑物建设中未打一根桩，全部采用了强夯地基处理后的浅基础，经投产使用和3～5年的跟踪沉降监测，均满足了规范和设计要求。

要达到以上目标，要注意解决好以下几个方面的问题：A. 根据土层特性和需要加固的深度要求确定合适的强夯工艺和能级；B. 做好夯前检测，以便优化、细化设计，特别是要探明残留淤泥厚度$\delta \geqslant 3m$的局部区域在地基处理后需进行高压旋喷等方法固结处理，以避免工后差异沉降超标；C. 做细、做好强夯设计，如柱基下和重型设备基础下应布置有高能级夯点等。

③ 异形锤强夯

在造船区陆域强夯施工中，对露天钢材堆场的桥吊柱基，采用异形锤强夯，可增加置换深度，减小差异沉降量。经现场试验性施工和检测确认6000kN·m能级置换深度可达到7m以上，8000kN·m能级置换深度可达到9m左右，形成了柱基下直径2m左右的碎石墩基础，降低了工程造价。在局部主干路下软土区，平面分段工场、涂装工场的局部有残留软土区也均采用了异形锤与平锤相结合的较高能级强夯施工。

图7-12 异形锤强夯施工

图7-13 异形锤夯坑

异形锤强夯置换进行预夯，夯锤直径 1.2m，采取隔行跳点方式进行施工。6000kN·m 异形锤强夯施工的停夯标准暂定为 20cm，由现场试验确定。强夯施工过程中实施动态监测，如果现场异形锤强夯施工过程中场地出现较大的隆起，则对回填的山皮石进行一遍低能级普夯，形成一定厚度表层硬壳来阻止场地隆起，建议普夯能级不大于 1500kN·m；如果现场未出现隆起，则不必进行普夯，直接进行 6000kN·m 异形锤强夯置换。根据现场异形锤强夯置换施工过程中超孔隙水压力消散程度来确定是否一次性夯到停夯标准，如果超孔隙水压力消散较慢，则在同一点可分 2～3 次异形锤强夯置换。设计要求异形锤强夯置换宜尽量打穿第 1 层淤泥质粉质黏土，进入到土质较好的第 3 层土，在柱下形成着底的强夯置换碎石墩体。在 3.3 万平方米的钢料堆场上，吊车柱基础全部采用异形锤强夯替代桩基 324 根，节约造价数百万元。

异形锤强夯在解决差异沉降和地基不均匀方面有良好的效果。如本项目联合厂房项目地基处理的关键是解决柱基的差异沉降问题，这个问题包括两个方面：一是堆载预压排水固结后的东围堰内区和外区的柱基差异沉降；二是正在排水固结法施工的东围堰外区柱基之间的差异沉降。

本场地②$_1$ 层软弱下卧层 3.50～9.50m，土性条件较差。但这个淤泥质土层是已经有针对性处理过的相对软弱层，上覆的 2m 厚砂层是一个较好的过渡层、排水层和调节层。随后分层回填的 5.8m 厚开山石层在一定能级强夯置换下形成一个较好的硬壳层，这个能级不能太高，太高会破坏已固结的结构性的②$_1$ 层土，造成现场大量隆起或淤泥挤出；也不能太低，太低不能对上部 8m 左右回填层有效加固。所以初步设计强夯法分 2 个区域：东围堰内区 4500kN·m 能级强夯置换，外区用 5500kN·m 能级强夯置换，这个置换要做到“少吃多餐”——每次夯坑不宜太深、填料不宜太多。

④ 水下插板后陆填区的强夯处理

对水下有一定厚度的原状淤泥宜采取先插板后陆填的办

法，形成陆域后也基本完成了水下原状淤泥的排水固结。由于花岗岩残积土回填料有一定的厚度，具备进行强夯处理的作业条件，而经强夯处理可将综合承载力提高至 200kPa 以上，并可以扩大软基固结效果。但应注意：要根据回填层的厚度和密实深度确定合适的夯击能级，以防止夯击能过大对已固结的软土造成扰动。

(2) 软基加固

① 堆载预压排水固结法

当工期满足 8～10 个月以上堆载预压期需要的条件下，可选择堆载预压法进行软基加固。当现场需要储备用料（自采或外购）时，二者结合可节约堆载费用，从而使软基加固费用大大降低。在东围堰区软基加固方法的选择上，由于满足上述条件，软基加固的费用<50 元/m^2，处理后的承载力特征值达到 80～100kPa。

② 真空预压排水固结法

对软土进行真空排水预压处理，排水固结时间较短，排水期一般需要 3 个月，但处理费用较高，一般不低于 100 元/m^2。在 45 万 m^2 的西围堰区的软基处理中经过带案投标，选择了真空排水预压处理。经过验收检测，中、下部固结度及承载力均达到或超过招标要求，但发现在远离吹泥口部分区域的表层（2～3m 内）排水和固结效果欠佳，后辅以表层拌和石灰后的承载力特征值提高到了 100～120kPa。

③ 水下插板固结法

在厂区的东侧造船厂房建设区，水下原状淤泥厚度为 5～8m,由于建设周期的需要应尽快形成陆域场地，故采用水下插板与分层陆填相结合的办法，实现软基加固与陆填造地的同步进行，从而节省了大量工期。由于陆填的过程是实现对水下及原状软土堆载预压的过程，不再发生堆载费用而且能达到软基加固的目的，综合工期也明显缩短。但由于增加了水上作业的工作量(水抛砂垫层，水上插板作业，土工布铺设)，单位体积淤泥土的加固费用有所提高。施工中注意的关键问题是要控制工序间隔时间，分层陆填，留出反压距离（≥9m）以防止滑移和隆起，后续强夯施工不得破坏水下砂垫层（防止初步固结软土的扰动）。

④ 真空降水＋低能级强夯法

在原南围堰区及西围堰 A 区，为砂质淤泥土和含粗颗粒较多的淤泥土，渗透系数 $K=10^{-5}\sim10^{-6}$ cm/s。由于采用了插管抽真空降水和低能级强夯，工期大大缩短，施工简便，处理费用较低。但此方法对土质的渗透性有严格要求，要确保能抽出水并把地下水位降低，然后才能强夯。

⑤ 复合处理法（两种或两种以上地基处理方法联合使用）

A. 在工期允许的条件下，为进一步提高固结度，增加地基承载力，减少工后沉降量，可用先真空预压后堆载预压或真空预压联合堆载预压的方法；B. 在保证软基上有 2m 左右厚度垫层的条件下，可对真空预压后的软土地基进行低能级强夯，以扩大真空预压排水固结效果，提高地基土的承载力，但应以不对固结土产生扰动为前提。C. 利用真空预压抽水在膜上覆水加压，可扩大排水固结效果。

⑥ 复合地基处理法

对于对地基承载力及工后沉降量有特殊要求的局部区域，还可以进行复合地基处理。如造船坞的主机组场地、西南围堰内的 600 吨门式起重机总组场地，采用了真空预压后深层搅拌状的复合地基处理，可满足 200kPa 的承载力要求。在固结处理后的软土土体上进行搅拌桩施工，成桩容易，加上桩间土的作用和桩上密实层的综合作用，形成了稳定的复合地基，其工程造价可控制在 200 元/m^2 以内。

⑦ 化学处理法

在软基处理施工中，经常遇到因淤泥土颗粒太细和自然沉降时间短而造成表层承载力较低的难题。如果在绞吸吹填的后期采用日本 NTC 公司的化学固结法，即在吹泥管末端掺入 H/C 消水中和剂进行固液分离，再注入高分子凝聚剂进行絮凝，吹填区可形成有一定承载力的自然固结的表层。

(3) 水工构筑物的基础选择与地基处理

① 围堰工程

船厂建设过程中，无论是围堰造地的吹填围堰还是用于船坞工程的止水土石围堰，由于堰体要承受水头差的作用并不得产生滑移，因此要求堰体坐落在较好持力层上，围堰基底下不得有成层的软弱下卧层，对于作为永久构筑物的防波堤要求更为严格。这些构筑物均在海域施工，通常会遇到水下淤泥层，根据现场实际情况，采用以下处理方法：

A. 挖除清淤：当淤泥厚度≥4m，需要对堰体下淤泥层进行清挖或部分清挖（减少厚度），有条件时可以绞吸吹入吹泥围堰内，如在修船坞区采用绞吸清淤吹填至西围堰内，可降低清淤费用。

B. 推填挤淤：当水下淤泥厚度＜3m 的情况下，可以在堤芯填挖时采用推填挤淤施工，但应在底部采用较大级配的块石，改善挤淤效果并及时处理。当出现有淤泥隆起时，要及时予以清除，确保堤芯下没有成层的淤泥。在东、西吹填围堰施工中，主要采用推填挤淤法，只在局部淤泥厚度≥4m 的区段采用先绞吸减薄、后推填挤淤。实践证明，该方法均达到了预期效果，保证了围堰的安全、稳定。

C. 爆破挤淤：在造船坞西止水围堰的外堤施工中，由于水下淤泥层较厚，为 5～7m，采用了爆破挤淤法施工，避免了淤泥层清挖、降低了工程造价。在防波堤工程中，常遇到水下淤泥厚的地质条件，采用爆破挤淤法施工可明显降低工程造价。如山东某船厂防波堤长达 2km，水下淤泥厚度达 10m，笔者建议按爆破挤淤法施工，挤淤后仍满足水深条件，防波堤造价降低效果显著。

② 码头工程

海西湾的码头岸线长达 5km，均采用重力式结构、抛石基床，基床经过强夯处理。对于基床下基础持力层的选用根据地质条件的变化分别按以下原则处理：

A. 码头岸线走向尽量选择与基岩等深线一致。可有效减少基础工程量；

B. 本着“深水深用、浅水浅用”的原则，确定码头吃水深浅，根据该选择，在泊位的配置上有－11m 泊位 4 个、－7m 泊位 1 个、－9m 泊位 9 个，既满足船舶靠泊的需要，又避免了水下炸岩和基床太厚，大部分基床厚度均控制在 2m 左右，使码头工程造价明显降低；

C. 选择合理的持力层：以选择强风化岩作为持力层为主，但也可选择砂质黏性土层（陆相构造、承载力≥250kPa）作为持力层。在 4 号、6 号、8 号码头的中段均以$④_1$层为持力层，减少了水下基础施工工程量，而且 4 号、6 号码头均为大圆筒结构，投产后一切正常。

③ 船坞工程

A. 海西湾造、修船坞的堵口围堰的基床均坐落在基岩上，且对沉箱基床需作升浆处理，一是要满足止水功能，二是防止明显变形；

B. 船坞本体均坐落在基岩上，避免了桩基结构，降低了船坞造价。

7.6　结论

强夯法是一种经济高效、节能环保的地基处理方法。本章通过对回填花岗岩残积土特性分析，包括不均匀性和湿陷性、自重压密性、低强度和高压缩性等特点，研究了强夯法处理大面积花岗岩残积土回填地基的特点及施工中关注的振动和挤土环境影响问题；提出了按变形控制进行地基处理设计的思想和基本方法；结合“十一五”期间 3 个花岗岩残积土回填地基处理的重点工程项目，从强夯法的适用性、有效性、实践性和特殊性等方面介绍了研究成果。

1. 适用性

强夯法是随工程需要应运而生的，随国内大型基础设施建设和沿海城市填海造陆工程扩大而发展的。近年来随着技术的发展，我国自主研发的高能级强夯系列专用机具得到应用，在很多大型石油、化工、船舶、港口项目中得到应用。目前国产高能级强夯机施工能级最高可达 25000kN·m，一次性最大有效加固深度达到 20m 以上。

在花岗岩残积土地区的填海造地、开山回填碎石土地基处理中，由于碎石土颗粒较大、土质疏松，且厚度大多在 10m 以上。这种地基的处理以降低地基土的压缩性、达到减少工后沉降为主要目的。采用其他方法或很难处理、效果太差、很难达到目的，或成本太高、工期太长，如堆载预压方法少则半年，多则数年。强夯法可以一次性处理到位，工期可以大大缩短至 3～5 个月，根据目前已经完成的数十项工程来看，地基处理效果显著。

2. 有效性

随着工程建设的发展，强夯法越来越显示出其应用和发展的客观性和必然性。高能级强夯的应用和发展在某些大型项目中具有唯一性。在填海造地陆域形成时，如果回填碎石土深度较大，形成的地基比较疏松、空隙较大，而且随造地规模增大，回填土厚度深达 15m 甚至 20m 以上。采用常规地基处理方法难以处理，即使采用桩基，由于块石影响，不仅施工难度较大，而且无法解决深厚填土的自重沉降问题。在这种情况下，强夯法是这种地基处理唯一可供选择的方法，从这种意义上讲，高能级强夯具有排他性和唯一性。只要环境允许、土层条件适合，强夯法在某种程度上比其他机械的、化工的或力学的加固方法使用更为广泛和有效，是最具节能省地优势的技术措施之一。例如，使用强夯法处理花岗岩残积土、碎石土、砂类土、非饱和黏性土等粗粒土地基，其承载能力可提高 200%～500%，压缩性可降低 20%～90%。

3. 实践性

强夯法在我国的工程实践越来越多，在《新编全国重大工程项目地基处理工程实录》(中国建筑工业出版社，2005 年）中介绍了我国从“七五”到“十五”期间的 36 项国家重大工程项目地基处理的工程实录，其中有 28 项为花岗岩残积土回填地基的强夯法处理实例。近年来，又有近 30 余项位于花岗岩残积土地区的国家重大工程项目的地基处理采用强夯法。

4. 特殊性

强夯法，特别是高能级强夯法地基处理在很多项目中具有显而易见的优势，但也不是放之四海而皆准的方法，必须因地制宜地进行设计和施工才能扬长避短，使其更好地为国民经济建设服务。

花岗岩残积土人工回填或原始工程地质条件的复杂性、上部结构变形敏感性和承载力的差异性等均导致了强夯法设计的复杂性，而且能级较高时超出规范，面临对工程经验的依赖性。需要设计单位和施工单位引起重视，包括高能级强夯施工安全性和复杂性都应有清醒的认识。

目前对于强夯法地基处理设计包括强夯法设计和强夯置换法设计，在进行具体方法设计前，应综合考虑场地地层条件和软弱层情况，上部荷载大小，对承载力和变形的要求，是一次处理到位还是预处理后再做打桩等因素，选择适宜的施工工艺。选定了施工工艺后，依据需加固土层厚度确定强夯能级，根据规范及经验确定强夯主夯点间距，按照规范要求的强夯收锤标准进行试验性设计，通过试验夯判断单点夯击能是否合理，确定最佳单点夯击击数、主夯点间距等参数。

强夯法设计是一个“系统工程”，是一种以变形与承载力双控且以变形控制为主的设计方法。强夯的有效加固深度既是反映地基处理效果的重要参数，又是选择地基处理方案的重要依据。根据课题组在国内辽宁大连、广西钦州、山东青岛、辽宁葫芦岛、广东珠海等地所参与 8000kN·m 能级以上的工程经验，对于超规范强夯能级处理填土和原状土地基的夯点间距及有效加固深度统计建议见表 7-4。对于 8000～16000kN·m 能级强夯的收锤标准宜适当从严，必须确保单点总夯击数才能确保加固效果。20000kN·m 比 10000kN·m 能级增加了 100%，有效加固深度仅增加了 50%左右，成本却增加了近 100%。虽能级越高，有效加固深度越大，但仅靠能级增加得到的有效加固深度的增幅衰减明显，故对有效加固要求深度更大的工程，不必一味地增加能级，可考虑分层处理或结合其他方法，在综合比较技术、经济、工期后选择采用合适方法。

高能级强夯与有效加固深度关系及建议的夯点间距　表 7-4

单击夯击能（kN·m）	填土地基		原状土地基		建议主夯点间距（m）
	块石填上	素填土	碎石上、砂土等粗颗粒土	粉土、黏性土等细颗粒土	
10000	12.0～14.0	15.0～17.0	11.0～13.0	9.0～10.0	9.0～11.0
12000	13.0～15.0	16.0～18.0	12.0～14.0	10.0～11.0	9.0～12.0
14000	14.0～16.0	17.0～19.0	13.0～15.0	11.0～12.0	10.0～12.0
15000	15.0～17.0	17.5～19.5	13.5～15.5	12.0～13.0	11.0～13.0
16000	16.0～18.0	18.0～20.0	14.0～16.0	13.0～14.0	12.0～15.0
18000	17.0～19.0	18.5～20.5	15.5～17.0	14.0～15.0	13.0～16.0
20000	18.0～20.0	19.0～21.0	16.0～18.0	15.0～16.0	15.0～18.0

第8章　结　语

《建筑地基基础设计规范》GB 50007—2002 已将变形控制作为地基基础设计与计算的重要标准。因此，建筑地基的沉降变形计算对地基基础设计变得尤为重要。

花岗岩残积土结构性较强，其力学性质及工程特性较一般黏性土或砂土特殊，因此花岗岩残积土地基沉降计算是地基基础设计的关键，而沉降计算的核心问题是计算参数的选取，也是目前工程界最为关心的问题之一。

本书从工程应用出发，根据现有部分地区性规范对残积土变形模量取值方法存在的不足，提出了更加合理的花岗岩残积土变形模量的取值方法，将其作为计算参数运用到残积土天然地基的沉降计算、基坑支护结构的侧向位移、桩土共同作用等工程问题中；并根据花岗岩残积土的工程特性，研究了残积土地基固结沉降与时间的关系特性及回填花岗岩残积土的强夯法加固等，对东南沿海地区花岗岩残积土地基的工程建设有借鉴作用。现将全书总结如下：

1. 花岗岩残积土地基的研究综述

本书的核心工作是寻求花岗岩残积土变形模量取值的新方法，并将其作为计算参数运用到残积土地基的工程计算中。在对国内外研究现状综述的基础上，提出了本书的主要研究内容及研究意义。

2. 花岗岩残积土的结构性

以土的应力综合结构势为理论基础，通过室内大量压缩试验，研究了花岗岩残积土的结构性。研究表明，花岗岩残积土结构性实际上是诸多影响因素相互作用的综合反映。影响结构性的主要因素有粗颗粒含量、含水量 w、干密度 ρ_d、压力 p 等。

当含水量较小时，结构性参数曲线形态较完满，其可变性和可稳性有着明显过渡，体现了由于压力的不断增加，原生结构先被破坏，结构的不稳定势得到充分释放，而后次生结构随之形成的过程；而当含水量增加时，结构性参数曲线主要表现为可稳性，甚至是一条近乎水平的直线，这说明由于含水量的增大，花岗岩残积土特有的胶结联结结构已被破坏，其结构性不会再随压力的增加而有显著变化。而当干密度较小时，结构性参数曲线随含水量和压力的变化显著，可变性与可稳性结合得很好；当干密度升高时，由于孔隙比减少，使残积土失去了其变形的空间，含水量和压力的增加已不能使花岗岩残积土的可变性进一步增加，结构性参数曲线主要表现为可稳性，而在较高干密度下低含水量的残积土结构性曲线的可变性较强，主要是由于低含水量下残积土的胶结作用较强的结果。压力的变化同样影响花岗岩残积土的结构性。一般情况下，压力的增大引起土体的压密使花岗岩残积土结构的可变性减小而使其结构可稳性增强。一般由于可变性减小较快而可稳性增加较慢，这种影响的不同步性，使得压力增大时花岗岩残积土的结构性总体变弱。而且，压力与含水量对花岗岩残积土有一种耦合的影响。当压力较低时，压力对花岗岩残积土结构性的破坏较小，此时含水量的变化对花岗岩残积土的影响明显；随着压力的逐渐变大，压力对花岗岩残积土结构性的破坏逐渐加强，相应的含水量变化对花岗岩残积土结构性的影响逐渐减弱。

研究表明，室内试验得到的花岗岩残积土的压缩模量等力学指标，由于取样、搬运、制备等扰动作用使试验结果失真，将其作为沉降计算参数是不合理的。

下一步工作建议在花岗岩残积土结构性的试验方面，完善花岗岩黏性土在压缩试验下的结构变化特性的研究，并考察砾质黏性土、砂质黏性土及黏性土在结构性方面的规律性。同时，对花岗岩残积土粗颗粒的比例、大小及层状等方面对其结构性的影响做进一步的研究。

3. 花岗岩残积土地基变形模量的取值与沉降计算

花岗岩残积土被相关规范定为特殊土，其沉降计算和计算参数的选取成为工程设计最关注的问题之一。目前广东地区一些地区性规范所采用的花岗岩残积土变形模量的取值方法并没有考虑花岗岩残积土三种不同土类（砾质黏性土、砂质黏性土、黏性土）的差别，而只有一个统一的公式。若按此作为地基沉降的计算参数，不同土类的残积土如果标准贯入击数相同，所得的变形模量就会相同，以此进行地基的沉降计算，所得沉降结果将会产生较大误差。因此，必须建立一个准确、实用的花岗岩残积土变形模量取值方法。

花岗岩残积土地基设计计算的关键在于沉降计算，计算参数的选取是否准确是计算的核心。目前所使用的方法在计算沉降时常常导致计算结果与实测沉降值相差较大，造成经济浪费或产生工程隐患。在总结大量工程实测资料的基础上，基于统计分析，对花岗岩残积土沉降计算参数进行了深入探讨。

基于载荷板试验和标贯实测资料的统计分析及其与实测沉降资料的对比分析，针对现有部分地区花岗岩残积土变形模量取值方法的不足，考虑了花岗岩残积土3种典型土质对变形模量计算的影响，采用统计分析的方法，提出了E_0与N之间新的经验公式。通过3种不同土质残积土的变形模量与实测沉降结果的对比分析表明，砾质黏性土的E_0与计算沉降值的关系曲线略低于实测沉降结果的分布图，而砂质黏性土及黏性土的E_0与计算沉降值的关系曲线均高于实测沉降结果的分布图，据此提出E_0与N之间的修正系数。经修正后，得出最终E_0的经验公式，经对实际工程的沉降计算，计算沉降结果与实测沉降结果吻合较好。

通过3种不同土质地基持力层的实际工程的地基沉降实测数据的比较，表明使用本书算法得出的计算沉降值与实测沉降值的相对误差一般为16%～32%，与实测值接近。而使用广东地区一些地方性规范的算法得出的计算沉降值与实测沉降值的相对误差则较大（最大可达到130%）。

进一步研究探讨花岗岩残积土的粗颗粒含量、孔隙比、含水量等与变形模量的修正系数 α 之间的内在联系。变形模量的修正系数 α 通过计算沉降值与实测沉降值的对比而得出，其与花岗岩残积土的粗颗粒含量、孔隙比、含水量等因素有关。

4. 花岗岩残积土地基固结沉降与时间的关系特性

通过对花岗岩残积土地区6例建筑物固结沉降随时间变化的观测分析，可以看到，在花岗岩残积土地区，随着上部荷载的增加（由0～100%），地基沉降变形瞬时性明显，此特征与一般黏性土相似；但花岗岩残积土固结变形在荷载达到100%后很快达到稳定，这又与一般黏性土不同。

花岗岩残积土地区建筑物的固结沉降的稳定时间一般在结构封顶之日起150天之内，比一般黏性土上的建筑物固结沉降时间短，后者至少需要1～2年的时间。而且，花岗岩残积土固结沉降的稳定时间与残积土类型有关，砾质黏性土固结稳定时间最短，砂质黏性土次之，花岗岩黏性土固结稳定时间最长，由此推断出花岗岩残积土固结沉降稳定的快慢与残积土粗颗粒含量有关，即随着粗颗粒含量的增加，固结沉降稳定时间缩短。

通过对花岗岩残积土地区6例建筑物固结沉降与时间的变化曲线的归一化处理，得出了归一化后的“沉降—时间”曲线方程，据此可对花岗岩残积土地区建筑物的沉降随时间的变化进行预测。

5. 花岗岩残积土支护结构的水平侧向变形计算

花岗岩残积土特殊的工程特性及物理力学性质决定了使用“m”法计算基坑支护结构水平侧向变形是不合理的。花岗岩残积土的竖向变形模量可用于支护结构水平侧向变形计算。特别是花岗岩残积土的变形模量，作为原位载荷板试验得到的参数，与室内试验结果相比，更能反映残积土的特性，因此适合计算支护结构的水平侧向变形。

通过具体工程实例的计算分析，将本书提出的残积土变形模量的取值方法与现有规范规定的残积土变形模量取值方法得到的计算参数，运用到基坑支护结构水平侧向变形的计算中，并与“m”法的计算结果进行比较。表明将本书提出变形模量的取值方法作为计算参数，计算值高出实测值14.3%，误差较低，且保证了安全性；将现有规范规定变形模量取值方法作为计算参数，计算值高出实测值92.8%，而“m”法的计算值高出实测值210%，误差偏大。

因此，本书提出的变形模量的取值方法，不仅在地基的沉降计算中较现有的变形模量的取值方法优越，而且在支护桩的水平侧移的计算中也比现有的变形模量的取值方法更经济、更合理。

6. 花岗岩残积土地基的桩基工程应用

桩的端阻力和侧阻力与桩端土的变形模量关系密切。当考虑花岗岩残积土变形模量的影响时，经过试桩试验，所得桩端阻力和桩侧阻力将会高于工程地质报告中的提供值或规范查表的经验值，使单桩承载力提高，一般可提高20%～40%。不仅使桩基持力层可选在残积土层，而且可使桩数减少20%，使桩基数量得到第一次优化。

在花岗岩残积土地区，以变形控制作为桩基础的设计标准，考虑到花岗岩残积土的高强度及低压缩性的特点，利用桩与土的共同作用原理，采用复合桩基设计理念，仅需要打入少量桩就可以完全满足地基的承载力要求及地基沉降要求，使桩基数量得到第二次优化。

二次优化的概念与结论在花岗岩残积土地基桩基设计中属首次提出，这样既节省了资金，又降低了施工难度。

7. 大面积回填花岗岩残积土的强夯法加固处理

花岗岩残积土的回填地基与原状花岗岩残积土相比，大部分的工程特性都已丧失。因此回填地基的承载力一般都不能满足设计要求。如何经济、合理、快速地加固这类回填花岗岩残积土地基对于东南沿海地区工程建设具有现实意义。

针对量大面广的回填花岗岩残积土的地基处理，作者通过回填残积土的几种地基处理方法的对比和中石化泉州1200万吨/年炼油项目配套码头库区工程、中石油珠海高栏岛成品油储备库和青岛海西湾造地与地基处理等3项国家重大工程项目地基处理工程实录，指出强夯法具有经济高效、节能环保等优点，成为大面积回填花岗岩残积土地基处理的首选方案，在沿海的石油石化、港口、机场等基础设施建设项目中得到了广泛应用。因此本书用了较大的篇幅讨论了工程实践中所遇到的设计、施工、检测、监测及环境影响问题，很多结论已经被国家和行业在编的地基处理规范所引用。

通过花岗岩残积土回填地基的工程实例分析，介绍了强夯法加固处理花岗岩残积土大面积回填地基的优越性。从载荷试验结果可以看出，经强夯加固处理后的地基承载力有显著提高，提高幅度可达30％～100％。回填地基土质不均匀，密实性差，遇水浸泡有湿陷现象。强夯地基和未经处理回填地基的浸水载荷试验的结果表明，强夯完全消除了回填土地基的湿陷性，而未经处理的回填地基存在明显的湿陷性。强夯的有效加固深度是反映加固效果的重要参数，标准贯入或动力触探试验的目的是检测强夯地基深部各土层的密实情况，并判断有效加固深度。经强夯后的地基有效加固深度达到预期要求。首次提出了按变形控制进行强夯法地基处理设计思想，首次提出了对回填花岗岩残积土地基的8000～20000kN·m能级强夯有效加固深度建议值，对高能级强夯技术发展进行了全面辩证的思考。

参考文献

[1] 中华人民共和国国家标准．岩土工程勘察规范 GB 50021—2001. 北京：中国建筑工业出版社，2001.

[2]《工程地质手册》编委会．工程地质手册（第四版）. 北京：中国建筑工业出版社，2007.

[3] 陈正祥．中国地理图集．中国香港：天地图书有限公司，1980.

[4] 西北师范学院．中国自然地理图集．北京：地图出版社，1984.

[5] 中华人民共和国国家标准．建筑地基基础设计规范 GB 50007—2002. 北京：中国建筑工业出版社，2002.

[6] 中国科学院《中国自然地理》编辑委员会．中国自然地理地貌．北京：科学出版社，1980.

[7] 吴能森．结构性花岗岩残积土的特性及工程问题研究［博士学位论文］. 南京：南京林业大学，2005.

[8] 王清，唐大雄，张庆云等．中国东部花岗岩残积土物质成分和结构特征的研究．长春地质学院学报，1991，21(1)：73-81.

[9] 吴能森，赵尘，侯伟生．花岗岩残积土的成因、分布及工程特性研究．平顶山工学院学报，2004，13(4)：1-4.

[10] 尚彦军，吴宏伟，曲永新．花岗岩风化程度的化学指标及微观特征对比——以香港九龙地区为例．地质科学，2001，36(3)：279-294.

[11] 王清，唐大雄，陈剑平．北方花岗岩残积土的工程地质性质．第二届全国红土工程地质研讨会论文集．贵阳：贵州科技出版社，1991，138-143.

[12] Ho lukob. B. M.，阮重勇．越南南部花岗岩风化壳中红土型铝土矿．地质科技动态，1986，15(207).

[13] 唐大雄，武历星．广东沿海花岗岩残积红土工程地质特征研究．长春地质学院学报（工程地质专辑），1988，80-86.

[14] 曲永新，吴宏伟，尚彦军．华南花岗岩残积土红土化程度的地带性与香港该类土不发育的原因．工程地质学报，2000，8(1)：16-20.

[15] 刘胜娥，罗林生．海南省花岗岩残积土的工程特性研究．岳阳师范学院学报（自然科学版），2001，14(2)：48－50.

[16] 王荆丹．深圳地区花岗岩残积土物理力学性质的一些规律．见：张旷成，邱建金主编．深圳地区亚土工程的理论与实践．北京：中国建筑工业出版社，2000：161－163.

[17] 王清，蒋惠忠，唐大雄．闽南三角地区花岗岩残积土及其工程地质特性的研究．福建地质，1991，(9)：90－99.

[18] 刘福江．新疆区花岗岩残积土的工程性质．西部探矿工程，2001，13(4)：47.

[19] 广东省建筑地基基础设计规范（DBJ 15—31—2003）. 北京：中国建筑工业出版社，2003.

[20] 张文华．花岗岩残积土的抗剪强度及土质边坡稳定分析．水文地质工程地质，1994，(3)：41－43.

[21] 张永波，殷密英，陈戈等．花岗岩残积土浅层地基承载力评价方法探讨．工程地质学报，1997，5(3)：251－256.

[22] 简文彬，陈文庆，郑登贤．花岗岩残积土的崩解试验研究//中国土木工程学会第九届土力学及岩土工程学术会议论文集（上册）. 北京：清华大学出版社，2003.

[23] 张镇，张旷成．深圳地区岩土体特征综述与岩土工程发展和回顾//张旷成，邱建金主编．深圳地区亚土工程的理论与实践．北京：中国建筑工业出版社，2000：3－20.

[24] 深圳地区建筑地基基础设计试行规程 SJG 1— 88. 北京：中国建筑工业出版社，1989.

[25] Brza，kaIa. W，Pula. W，A Probabilistic Analysis of Foundation Settlements. Computers and Geotechnics，1996，18(4)：291－309.

[26] Nainan Kurian. P，Beena. K. S，Krishna. R，Kumar. Settlement of Reinforced sand in foundation. Journal of Geotechnical and Geoenvironmental Engineering，1997，123(9)：818－827.

[27] Jerzy Bauer，Wojciech Pula. Reliability with respect to settlement limit-states of shallow foundations on linearly-deformable subsoil. Computers and Getechnics，2000，26：81－308.

[28] Nour. A，Slimani. A，Laouami. N. Foundation settlement statistics via finite element analysis. Com-puters and Getechnics，2002，29：641－672.

[29] Shahin. M. A, Maier. H. R, Jaksa. M. B. Settlement prediction of shallow foundations on granular soils using B-spline neurofuzzy models. Computers and Getechnics, 2003, 30: 637-647.

[30] Wang. Y. H, Tham. L. G, Tsui. Y et al. Plate on layered foundation analyzed by a semi-analytical and semi-numeriacl method. Computers and Getechnics, 2003, 30: 409-418.

[31] Chaudhary, M. Tariq Amin. FEM modelling of large piled raft for settlement control in weak rock. Engineering Structures, 2007, 29(11): 2901-2907.

[32] Wang Zhi-liang, Li Yong-chi, Shen. R. F. Correction of soil parameters in calculation of embankment settlement using a BP network back-analysis model. Engineering Geology, 2007, 91: 168-177.

[33] Peck. R. B. Advantages and limitations of the observational method in applied soil mechanics. Geo-technique, 1969, 19(2): 171-187.

[34] Matsuo M, Asaoka A. Dynamic design philosophy of soils based on the Bayesian reliability prediction. Soil sand Foundations, 1978, 18(4): 1-17.

[35] Gioda G, Sakurai S. Back analysis procedures for the interpretation of field measurements in geo-mechanics. Int. J. For Numerical and Analytical Methods in Geomechanics, 1987: 555-583.

[36] Parry. R. H. G., Estimating foundation settlements in sand from plate bearing tests. Geotechnique, London. 1978, 28(1): 107-118.

[37] Arnold. Prediction of footing settlements on sand. Ground Engrg., 1980, 113(2): 40-49.

[38] Frank. R. Some recent developments on the behavior of shallow foundations. Proc. of 10th European Conf. of Soil Mech. and Found. Engrg., Associazione Geotecnica Italiana, 1991.

[39] D'Appolonia, D. J., D'Appolonia, E., and Brisette, R. F. Settlement of spread footings on sand. J. Soil Mech. and Found. Div., ASCE, New York, N. Y., 1968, 3: 735-760.

[40] Levy, J. F., and Morton, K. Loading tests and settlement observations on granular soils. Proc. Conf. on Settlements of Structures. BGS Cambridge, Pentech Press, London, England, 1975: 45-52.

[41] Ismael, N. F, Loading tests on circular and ring plates in very dense cemented sands. J. Geotech. Engrg., 1996, 122(4): 281-287.

[42] Ghionna, V. N., Manassero, M., and Peisino, V. Settlement of large shallow foundations on partially cemented gravely sand deposit using PLT data. Deformation of soils and displacements of structures. Proc. 10th Eur. Conf. Soil Mech. Found. Engrg., 1991, 1: 1417-1422.

[43] Nilo C. Consoli, Fernando Schnaid, Jarbas Militisky. Interpretation of plate load tests on residual soilsite. Journal of Geotechnical and Geoenvironmental Engineering, 1998, 124(9): 857-867.

[44] A. Viana da Fonseca. Load tests on residual and settlement prediction on shallow foundation. Journal of Geotechnical and Geoenvironmental Engineering, 2001, 127(10): 869-883.

[45] 沈珠江．土体结构性的数学模型——21世纪土力学的核心问题．岩土工程学报，1996，18(1)：95-97.

[46] 刘恩龙，沈珠江，范文．结构性黏土研究进展．岩土力学，2005，26，Supp：1-8.

[47] 谢定义，齐吉琳．土结构性及其定量化参数研究的新途径．岩土工程学报，1999，21(6)：651-656.

[48] 胡瑞林．黏性土微结构定量模型及其工程地质特征研究．北京：地质出版社，1995.

[49] 齐吉琳．土结构性及其定量化参数的研究［博士学位论文］．西安：西安理工大学，1999.

[50] 骆亚生．非饱和黄土在动、静复杂应力条件下的结构变化特性及结构性本构关系研究［博士学位论文］．西安：西安理工大学，2003.

[51] 谢定义，齐吉琳，朱元林．土的结构性参数及其与变形强度的关系．水利学报，1999，(10)：1-6.

[52] 谢定义，齐吉琳，张振中．考虑土结构性的本构关系．土木工程学报，2000，33(4)：35-41.

[53] 骆亚生，谢定义，邵生俊．非饱和黄土的结构变化特性．西北农林科技大学学报（自然科学版），2004，32(8)：114-118.

[54]《建筑地基基础设计规范》编写委员会．建筑地基基础设计规范理解与应用．北京：中国建筑工业出版社，2004.

[55]《工程建设标准强制性条文》（房屋建筑部分）咨询委员会．工程建设

标准强制性条文（房屋建筑部分）实施导则．北京：中国建筑工业出版社，2004.

[56] 钟启雄，王玉，李静波．地基设计按变形控制的总原则之思考．化工设计，2007，17(6)：4-54.

[57] 福建省工程建设地方标准．建筑地基基础技术规范 DBJ 13—07—2006. 北京：中国建筑工业出版社，2006.

[58] 刘家明，李廷学，何颐华等．高层建筑下花岗岩残积土地基研究．勘察科学技术，1988，(2)：19-27.

[59] 赖琼华．岩土变形模量取值研究．岩石力学与工程学报，2001，20(增)：1750-1754.

[60] 杨光华．根据经验地基承载力反算土的强度和变形参数．广东水利水电，2002，(1)：3-6.

[61] 焦五一．地基变形计算的新参数——弦线模的原理和应用．水文地质与工程地质，1982，(1)：30-33.

[62] 杨光华．地基非线性沉降计算的原状土切线模量法．岩土工程学报，2006，28(11)：1927-1931.

[63] 谭昌明，黄绍槟．软土地基沉降的二维非线性黏弹性反演与预测．岩土力学，2002，23(1)：67-71.

[64] 张慧梅，李云鹏，毛成．人工神经网络在软土地基路基沉降预测中的应用．长安大学学报（自然科学版），2002，22(4)：20-22.

[65] 章行远．高速公路低路堤软土地基沉降有限元分析．公路交通科技(应用技术版)，2007，(8)：84-88.

[66] 翟洪飞，宰金珉．基础沉降与其尺寸非线性关系的有限元分析．南京工业大学学报，2007，29(4)：1-14.

[67] 杨敏．有关减少沉降桩基础适用范围的分析讨论//陈祥福．现代岩土工程论丛．上海：同济大学出版社，2003.

[68] 宰金珉．塑性支撑桩——卸载减沉桩的概念及其工程应用．岩土工程，2003，(3)：273-278.

[69] 郑刚，顾晓鲁．减沉桩承载机理的试验及计算分析//桩基工作设计与施工技术．北京：中国建材工业出版社，2000.

[70] 徐秀香，郝庆芬．盘锦地区软土变形参数的试验．武汉大学学报（工学版），2008，41(1)：86-89.

[71] 戴继，高广运，水伟厚等．对花岗岩残积土变形模量的分析研究．建

筑结构学报，2008，29(5)：135-140.

[72] 盛骤，谢式千，潘承毅．概率论与数理统计．北京：高等教育出版社，1989.

[73] 乔淑荣．高层建筑物沉降观测及成果分析．工程勘察，2003，(3)：61-63.

[74] 西北水利科学研究所土工研究室．按允许变形值求解地基承载力及基础沉降计算的新方法．建筑学报，1960，(8)：35-36.

[75] 俞邦瑞．按变形设计地基的计算原则和计算方法——对“按允许变形值求解地基承载力及基础沉降计算的新方法”一文的探讨．建筑学报，1962，(4)：19-21.

[76] 郭继武．地基压缩层厚度简捷计算方法．建筑学报，1961，(5)：30-32.

[77] 何思源．应用二次方程计算地基沉降量的近似方法．江西水利科技，1978，(3)：10-16.

[78] 王吉望．不同深度土中应力和基础沉降的感应图计算法．建筑结构学报，1980，(3)：60-73.

[79] 唐庆国．计算地基应力与基础沉降的方感应图．建筑结构学报，1984，(1)：64-77.

[80] 徐少曼．对称荷载下饱和黏性土地基不排水沉降量的计算．岩土工程学报，1983，5(1)：122-133.

[81] 包承纲．多层地基沉降的概率分析．长江水利水电科学研究院院报，1984，(1)，58-74.

[82] 袁成铭．大面积吹填砂荷载对地基压缩沉降计算方泆的探讨．水运工程，1985，(4-5)：9-13.

[83] 钟亮．地基压缩层深度的确定．建筑科学，1985，(2)：43-53.

[84] 何颐华，季婉如．大基础地基压缩层深度计算方法的分析．勘察科学技术，1985，(6)：28-32.

[85] 胡德．黏弹性介质地基沉降的理论计算．成都地质学院学报，1987，14(4)：75-84.

[86] 黄强，刘金玲．地基压缩层深度及沉降的简捷计算方法．建筑结构学报，1990，11(1)：69-79.

[87] 张子明．求解地基位移的影响函数法．河海大学学报，1990，18(2)：25-31.

[88] 钟龙辉．西安地区高湿度黄土地基沉降计算．勘察科学技术，1990，(4)：40-42.

[89] 陈列峰，龚晓南，曾国熙．考虑地基各向异性的沉降计算．土木工程学报，1991，24(1)：1-7.

[90] 丁大均．弹性地基沉降的近似统计计算模式探讨．中国公路学报，1992，5(1)：21-28.

[91] 程展林．残积土地基沉降分析．岩土工程学报，1992，14(增)：72-79.

[92] 陈晓平，俞季民．地基非均匀沉降的概率模型及其应用．土木基础，1992，6(2)：7-12.

[93] 李国周，欧阳葆元．软土地基固结与沉降概率分析．岩土工程学报，1992，14(1)：25-34.

[94] 周汉斌，李光耀，曹志远．空间地基沉降分析半差分半加权余量法．工程力学，1993，10(2)：117-122.

[95] 彭志安．用DD法计算油罐地基的沉降．土木基础，1994，8(2)：40-45.

[96] 折学森，顾安全．饱和黏性土地基的二维沉降计算．西安公路交通大学学报，1995，15(2)：5-10.

[97] 王杰光，谭景和，朱寿增．地基最终沉降量计算方法的改进．桂林工学院学报，1998，18(3)：251-254.

[98] 杨光华．软土地基非线性沉降计算的简化法．广东水利水电，2001，(1)：3-5.

[99] 梅国雄，宰金珉，赵维炳等．均质弹性地基的埋深基础沉降计算．岩土力学与工程学报，2004，23(1)：4593-4596.

[100] 潘林有，谢新宇．用曲线拟合的方法预测软土地基沉降．岩土力学，2004，25(7)：1053-1058.

[101] 张仪萍．地基沉降泊松曲线拟合的概率方法．岩土工程学报，2005，27(7)：837-840.

[102] 丁洲祥，龚晓南，李又云等．割线模量法在沉降计算中存在的问题及改进探讨．岩土工程学报，2005，27(3)：313-316.

[103] 叶剑红，杨洋，孙进忠等．对《建筑地基基础设计规范》中地基沉降量计算公式适用性的探讨．岩土工程界，2005，9(3)：34-36.

[104] 杨青连，张成良，李小强．双曲线法在软基沉降计算中的应用与分析．山西建筑，2006，32(22)：140-141.

[105] 邱恩喜，谢强，刘俊新．成长曲线在红层软土地基沉降预测中的应用．路基工程，2006，(6)：79-81.

[106] 孙艳，尚宏伟. Logistic模型在地基沉降预测中的应用. 山西建筑，2007，33(24)：106 - 107.

[107] Thamb. Terzaghi，Plate on layered foundation analyzed by a semi-analytical and semi-numerical method. Computers and Geotechnics，2003. 409 - 418.

[108] Kubiena. W. L. Plate-loading tests on soil and rock. Proc. Extension Course in situ Testing for Geotech. Investigations，Sydney，1983. 73 - 86.

[109] Brewer. R. A critical assessment of selected in situ tests for rock mass deformability and stress measurements. 19th U. S. Symp. Rock Mechanics，1978. 523 - 529.

[110] Raymond，Tuncer，Kutay. Comprehensive evaluation of laboratory resilient moduli results for granular materials. Transportation Research Record 1022，Transportation Research Board，National Research Council，Washington，D. C.，1985. 23 - 33.

[111] Yeo. B，Yen. S. C，Puxi. V. K，Das. B. M. & M. A. Wright Cyclic load-induced settlement of hallow foundation on geogrid-reinforced sand in：Prediction versus performance in geoteehnical engineering. Proc. symposium，Bangkok，1992，ed A. S. Balasubramaniam & & others，(Balkema)，1994. 45 - 53.

[112] Shahrour. I，Meimon. Y. Calculation of marine foundations subjected to repeated loads by means of the homogenization method. Computers & Geotechnics，1995，17(1)：93 - 106.

[113] Krutov. V. I. Consideration of new results on the proneness of soils to slump-type settlement during surveys，design，and construction. Soil Mechanics & Foundation Engineering，1995，32(1)：18 - 23.

[114] Ladanyi. B，Lunne. T，Vergobbi. P，Lhuillier. B. Predicting creep settlements of foundations in permafrost from the resuRs of cone penetration tests. Canadian Geotectmical Journal，1995，32(5)：835 - 847.

[115] B. M. Das and A. Maji，Foundation on geogrid-reinforced sand effect of transient loading. Geotextiles and Geomembranes，1998. 151 - 160.

[116] Meshkani. A，Abdallah. I. A，Nazarian，S. Feasibility of backcalculation of nonlinear parameters of flexible pavement layers from nondestructive testing. Proc.，Int. Pavement Data，Analysis and Mecha-

nistic Design Applications, Hyatt on Capital Square, Columbus, Ohio, 2003, 2: 135-146.

[117] Kentaro Yamamoto, Jun Otani. Bearing capacity and failure mechanism of reinforced foundations based on rigid-plastic finite element formulation. Geotextiles and Geomembranes, 2002. 367-393.

[118] Maria Paola Campolunghi, Giuseppe Capelli. Geotechnical studies for foundation settlement in Holocenic alluvial deposits in the City of Rome. Engineering Geology, 2007. 9-35.

[119] Pell, P. J. N., Plate-loading tests on soil and rock. Proc. Extension Course in situ Testing for Geotech. Investigations, Sydney, 1983. 73-86.

[120] 陈忠汉，程丽萍．深基坑工程．北京：机械工业出版社，1999.

[121] 杨光华．深基坑支护结构的实用计算方法及其应用．北京：地质出版社，2005.

[122] 刘金砺．桩基础设计与计算．北京：中国建筑工业出版社，1990.

[123] 姜晓平．花岗岩残积土和桩基工程．岩土工程界，2003，6(10)：41-42.

[124] 刘利民．桩基承载性状研究的新进展．岩土工程界，2000，(1)：19-21.

[125] 姚裕昌，李大浪．珠海“新世界”工程桩基的设计和研究．有色冶金设计与研究，1995，16(2)：36-42.

[126] 葛孝椿，王元兴．用土的现场原始压缩曲线计算土的变形模量．岩土工程学报，1989，11(5)：99-108.

[127] 顾尧章，余祖国．用螺旋板载荷试验确定土的非线性变形模量．岩土工程学报，1993，15(3)：94-100.

[128] 刘冶，张延，柴宇．用旁压试验成果推求土变形模量的研究．沈阳农业大学学报，1996，12：88-90.

[129] E. UNAL. Determination of in situ deformation modulus: New approaches for plate-loading tests. Rock Mech. Min. Sci. 1997, 34(6): 897-915.

[130] 张在明．等效变形模量的非线性特征分析．岩土工程学报，1997，19(5)：56-59.

[131] 顾宝和，周红，朱小林．深层平板静力载荷试验测定土的变形模量．工程勘察，2000，(4)：1-6.

[132] 岳建勇，高大钊．再论深层平板静力载荷试验测定土的变形模量．

工程勘察，2002，(1)：8-10.

[133] 郑俊杰，区剑华，邢泰高．参变量变分原理求解土的变形模量与压缩模量间的关系．固体力学学报，2004，25(1)：53-57.

[134] 刘春泽，郝庆芬，赵俭斌．土变形模量的研究与分析．岩土工程界，2007，10(12)：60-62.

[135] 杨光华．侧向移动土体中桩、土共同作用分析//广东省深基坑开挖工程学术会议论文集，广州：广东科技出版社，1994.

[136] 王铁宏，谭永坚．刚性悬臂护坡桩的设计计算方法探讨．建筑科学，1989，(6)：42-48.

[137] 西德土木学会编．基础工程．

[138] 中国建筑科学研究院地基所．DIN4085 土压力计算原理，1987.

[139] Ding. D. General model for the approximate calculation of elasticbed settlements. Soil Mechanics & Found-tion Engineering，1995，32 (2)：47-52.

[140] Consoli，N. C. Design of shallow foundations on structured and compacted soils based on plate loading tests and finite element analysis. Proc.，14th Int. Conf. on Soil Mechanics and Foundation Engineering，Hamburg，Germany，1997. 783-784.

[141] Meyerhof，Ultimate bearing capacity of foundations on layered soils under inclined load. Can. Geotech. J，1978. 565-572.

[142] Feng，X. T.，A new displacement back analysis to identify mechanical geo-material parameters based on hybrid intelligent methodology. International Journal for Numerical and Analytical Methods in Geomechanics，2004. 1141-1165.

[143] Taiebat，H. A.，Carter，J. P. A semi-analytical finite element method for three-dimensional consolidation analysis. Computers and Geotechnics，2001. 55-78.

[144] Wang，Z. L.，Wang，W.，Cao，G. J. Predication and analysis of DJM pile compressive strength with improved BP network. Hydroelectric Automation and Dam Monitoring，2002. 42-44.

[145] Johnson. A. M，Baus. R. L. Simplified direct calculation of subgrade modulus from nondestructive pave-ment deflection testing. Transportation Research Record 1406，Transportation Research Board，National Re-

search Council，Washington，D. C.，1993. 133－141.

［146］James. K. G，Bransby. P. L. Experimental and theoretical investigation of passive pressure problem. Geotech-nique，1970，20(1)：17.

［147］史佩栋．桩基工程手册——桩和桩基基础手册．北京：人民交通出版社，2008.

［148］张乾青．桩—土共同作用的研究．岩土工程技术，2008，22(4)：169－173.

［149］席宁中．试论桩端土强度对桩侧阻力的影响．建筑科学，2000，16(6)：51－60.

［150］北京市桩基研究小组．钻孔灌注桩试验研究．国家建委建筑科学研究院地基所，1976.

［151］地质矿产部深圳区域稳定性评价编写组．深圳市城建档案．北京：地质出版社，1991.

［152］张先亮，张文华．素填花岗岩残积土的工程探讨．见：张旷成，邱建金主编．深圳地区岩土工程的理论与实践．北京：中国建筑工业出版社，2000：164－169.

［153］王铁宏．全国重大工程项目地基处理工程实录．北京：中国建筑工业出版社，1998.

［154］Bieniawski. Z. T. A critical assessment of selected in situ tests for rock mass deformability and stress measurements. 19th U. S. Symp. Rock Mechanics，1978. 523－529.

［155］王铁宏，李明琛，何颐华等．强夯法处理砾质黏土回填地基的承载力检测方法．建筑科学，1995，(3)：43－45.

［156］王铁宏，李明琛，何颐华．大面积砾质黏性土回填强夯地基的检测与评价．工程质量管理与监测，1995，(6)：14－17.

［157］建设部综合勘察研究院．《欧洲地基基础规范》，1988.

［158］王铁宏．关于被动土压力与变形的计算问题．中国建筑科学研究院地基所，1987.

［159］Cheung. Y. K，Peiyan Lu，Yuet Ts ui：A simplified analysis of pile-soil interaction under lateral loading，fourth infernational conference on tall building，1998.

［160］Karasahin. M，Darson. A. R，Holden. J. T. Applicability of resilient constitutive models of granular material for unbound base layers. Transportation

Research Record 1406，Transportation Research Board，National Research Council，Washington，D.C.，1993，98－107.

[161] Rada. G，Witczak. M. W，Comprehensive evaluation of laboratory resilient moduli results for granular materials. Transportation Research Record 1022，Transportation Research Board，National Research Council，Washington，D.C.，1985. 23－33.

[162] Pell. P. J. N，Plate-loading tests on soil and rock. Proc. Extension Course in situ Testing for Geotech. Investigations，Sydney，1983. 73－86.

[163] 李青岳，陈永奇．工程测量．北京：测绘出版社，1995.

[164] 华南理工大学，东南大学，浙江大学，湖南大学编．地基及基础．第二版．北京：中国建筑工业出版社，1991.

[165] Aleksandar S1Vesic. 桩与土体系中的荷载传递．地基与基础译文集，第5集，桩基础．北京：中国建筑工业出版社，1982.

[166] 孙永利．南开大学科技大厦沉降观测及成果分析．铁道勘察，2007，(2)：14－16.

[167] 水伟厚．冲击应力与10000kN·m高能级强夯系列试验研究［博士学位论文］. 同济大学，2004.

[168] 阎明礼．地基处理技术．北京：中国环境科学出版社，1995.